世界不曾亏欠每一个努力的人

萱苏 著
Xuansu

中国国际广播出版社

图书在版编目（CIP）数据

世界不曾亏欠每一个努力的人 / 萱苏著. -- 北京：
中国国际广播出版社, 2019.4
ISBN 978-7-5078-4451-1

Ⅰ. ①世… Ⅱ. ①萱… Ⅲ. ①人生哲学–通俗读物
Ⅳ. ①B821-49

中国版本图书馆CIP数据核字(2019)第055639号

世界不曾亏欠每一个努力的人

著　　者　萱　苏
责任编辑　筴学婧
版式设计　华阅时代
责任校对　徐秀英

出版发行　中国国际广播出版社［010-83139469 010-83139489（传真）］
社　　址　北京市西城区天宁寺前街2号北院A座一层
　　　　　邮编：100055
网　　址　www.chirp.com.cn
经　　销　新华书店
印　　刷　三河市宏顺兴印刷有限公司

开　　本　880×1230　1/32
字　　数　150千字
印　　张　7
版　　次　2020年8月 北京第一版
印　　次　2020年8月 第一次印刷
定　　价　39.80元

CRI 中国国际广播出版社
欢迎关注本社新浪官方微博
官方网站 www.chirp.cn

PREFACE

前言

人生如戏，每个来到这个世界上的人，都如同演员扮演着不同的角色，都希望在人生这个大舞台通过自己出色的表演，站在舞台中央，实现自己的梦想。但很多时候，理想丰满，现实却很骨感，无数美好的愿景在现实的打压下支离破碎。

成长是需要付出代价的，成长的路上会迷茫、会彷徨、会恐惧，但请一定不要轻易放弃。你要相信，你走的每一步都会成为你人生的积累，不要怕闯不过，世上没有过不去的火焰山，无数个艰难的现在都会成为你未来风轻云淡的谈资。

一个瘦弱而疲惫的男人拎着一台沉重的仪器站在一座高大写字楼的入口处，一群人正走出大楼，他们的脸上都挂着幸福的微笑。拎仪器的男人站在那里看着他们，心想：为什么我不能像他们那样幸福？

那个男人是个医疗仪器推销员，每天他四处奔波，跑遍了大大小小的医院，费尽口舌向人推销他的仪器，可是没有一个人愿意买他的仪器。他的妻子每天打两份工，拿到的薪水除了用于支付房租和孩子教育及生活费用外，所剩无几。

妻子不堪重负，决定离开他；房东也因为他交不上房租，把他赶了出去。他带着年幼的儿子，开始了流离失所的日子。

在这种情况下，他依然没有放弃努力。那天在那座写字楼看到的一张张幸福笑脸让他知道，唯有努力，微笑才会来到；唯有努力，才能有所回报，努力，幸福就在不远的地方。

为了心中那份对幸福生活的向往，他不放弃，不屈服，一心向前、向前，再向前。生活给予了他严峻的考验，他住过公厕，住过收容所，费尽周折为儿子寻找安身之处。他一边努力适应新的工作，一边继续为了卖掉治疗仪器而四处奔波。终于，一台治疗仪被卖出去了，可挣来的钱被拖欠已久的税费抵消之后，所获甚微。

然而，当他和儿子互相依偎着的时候，他依然对未来充满期待。

新工作 6 个月的“实习”终于过去，他成功地抓住了二十分之一的机会，由此获得了梦寐以求的职位。

这就是电影《当幸福来敲门》讲述的故事。

皇天不负有心人，有志者事竟成。成功和幸福就在我们身边，然而，它不会突如其来，更不会从天而降。“宝剑锋从磨砺出，梅花香自苦寒来”，没有无来由的成功，成功和幸福都需要用勤劳的双手去创造，都需要我们努力争取。因此，我们要怀着一颗积极的心，努力奋斗，向着心中的幸福进发，全力以赴，风雨无阻。

栽下一棵树苗，将收获一片绿荫；种下一株玫瑰，将会收获馥郁的花朵；洒下一把谷种，将收获饱满的谷穗。总之，只要你付出了，总有一天，成功会来到你的眼前！

CONTENTS

目　录

第一辑
你不努力，谁也给不了你想要的生活

第二辑
生命的精彩是谁也阻挡不了的脚步

第三辑
奋斗的意义就藏在奋斗的过程中

第四辑
不忘初心，勇敢前行

第五辑
要相信，你的坚持终将美好

第六辑
让将来的你感谢现在奋斗的自己

第一辑

你不努力，谁也给不了你想要的生活

人家有的，你为什么没有

国庆假期已经结束了好几天，大家都走出了假期的松懈，开始进入正常的工作节奏。可茵茵心里的郁闷却一直没有消散，每天都是闷闷不乐的，工作时也完全不在状态。

假期的时候，茵茵参加了高中同学孙瑜的婚礼。孙瑜是茵茵高中时的好友，两个人高一、高二都是同班同学，高三的时候也在隔壁班，每天一起上学放学，一起吃午饭，亲密无间，几乎好成了一个人。虽然高中毕业以后，两个人天南海北，很少联系，但孙瑜结婚的时候，第一个就想到了茵茵，要茵茵务必回家参加她的婚礼。茵茵也痛痛快快地应允，兴冲冲地早早定下车票，一到国庆假期，连家都没回，直接飞奔到孙瑜那里，去见证她最幸福的时刻。

可从婚礼上回来，茵茵的心里越来越不是滋味。原来，孙瑜虽然没有留在大城市发展，而是回了家乡，找了一份清闲的文员工作，但是她的老公特别优秀，结婚的新房也是大平米，在市区的中心地段。

而茵茵自己呢，留在大城市打拼，住的是简陋的出租房，吃的是最简单的饭菜，每天辛苦奔波，却依旧一无所有。

两相对比，茵茵越来越觉得命运对自己不公平。

“她凭什么就能过得那么好？就她那个脑子，上学的时候就笨，稍微有点儿难度的题就做不出来，跑过来问我，把我都问烦了。高考的时候连本科线都没上，毕业了也只能当个小文员。不就嫁了个好老公吗？就过上那么好的日子，我每天辛辛苦苦的……”

在我们的生活中，随时随地都能听到这样的抱怨：

“同一个大学毕业的，凭什么他能被世界500强的公司录取，我就得在这个小地方，一个月拿这么点儿工资？”

“不就是长得好看吗？要不然，就凭她，怎么能嫁那么优秀的老公？”

“他才来公司几天，就升值加薪？我每天起早贪黑地忙活，有谁看见啦……”

抱怨是人的一种自然反应，当看到别人得到的比自己多、过得比自己好，大部分人的心中多多少少都会出现一股失落感。物不平则鸣，是为了引起别人的注意，期望能够得到理解与同情，人之常情，无可厚非。但是，这样的抱怨，真的没有任何意义。

回头再说茵茵，参加完孙瑜的婚礼，她对自己的现状越来越不满意，对工作也没有了以往的热情，总觉得领导太苛刻、公司的制度不合理、工资太低……慢慢的，她又开始觉得自己生不逢时，读了那么多书却没有用武之地。

可她不知道的是，孙瑜在上大学时就开始尝试开网店，现在她的淘宝店铺经营得很成功。那套婚房，也是孙瑜用自己这些年的收入，与老公一起买的。而这一切的背后，是用心的筹划和起早贪黑的辛苦。

孙瑜的辛苦换来了如今的幸福，而茵茵的抱怨，对工作和生活没有任何帮助，反倒让自己的状态变得糟糕。

比较、抱怨都是没有意义的，很多时候，我们所能见到的别人的生活，只不过是冰山一角。一个人在“什么都有”的背后，经历了怎样的打拼，付出了怎样的代价，其他人永远不能全部了解。

马云曾经说过：“人是退化最严重的动物。跟兽比，人很弱肢；和狗比，人很闻盲；但人类‘进化’了抱怨。偶尔为之无大碍，但当抱怨成了习惯，就如同喝海水，喝得越多，渴得越厉害。最后，发现走在成功路上的都是些不抱怨的‘傻子们’。

世界不会记得你说了什么，但一定不会忘记你做了什么。”

有一天，一位青年画家遇到了著名画家门采尔，他向门采尔请教：“先生，有一个问题，我一直迷惑不解，想向您请教。您能告诉我答案吗？”

门采尔说：“什么问题？请讲。”

青年画家说：“我画一幅画，只需要花一天的时间，为什么卖出它却需要整整一年呢？”

门采尔微笑着回答：“年轻人，你不妨换过来试试吧。你试着用一年的时间去完成一幅画，看看能不能花一天时间把它卖出去。”

青年画家听了门采尔的话，决定尝试一下门采尔建议的办法。他试着画画的时候把速度减慢，可总是不能成功。后来，他不再急于作画，而是强迫自己静下心来揣摩画作，苦练基本功，力求下笔有神，达到最好的效果。

经过几年的勤奋练习，不知不觉间，青年的绘画技艺有了很大的提高，绘画的构思也巧妙了很多。他把几幅比较成功的作品拿出去卖，结果出人意料，人们对他的画赞叹有加，甚至有人愿意出高价收购。

后来，这个青年成了一位有名的画家。

人身处社会之中，总免不了和别人相互比较，当看到别人过得比自己好、得到的比自己多时，难免羡慕、向往，甚至心生嫉妒。这并没有什么错，只是人之常情。我们不必压制这样的情绪，当然，也不能沉溺其中。人与人之间的差距并不是凭空拉开的，与其羡慕别人走得有多远，不如迈开自己的脚步，努力向前。一步一步走下去，就会离梦想的远方越来越近。

大学毕业之后，张伟回到家乡发展，进了一家国企。可是，真正走上工作岗位之后，他才发现事实并不像他所想的那样美好。虽然工作稳定，但张伟所在的职位工资并不算特别高，升职加薪的机会也不多。张伟在单身时，日子过得还算滋润，可娶妻生子之后，生活越发显得拮据。为了照顾年幼的孩子，妻子早已辞去了工作，一切生活开支都要靠张伟的工资，虽然可以勉强维持，但一直过得紧巴巴的。

“一毕业就进国企”的光环所带来的虚荣心被现实一点点消磨殆尽，张伟心里的苦闷一直都无法排解。但是他心里明白，这样郁郁寡欢是没有一点意义的。他放弃了平时工作之余的休闲，拾起自己荒废已久的英语，一开始做家教，后来又开始接一些翻译的兼职。他大学时学的就是英语专业，这些工作做起来得心应手。后来，他干脆辞掉了原来的工作，全力从事英语教育，从只有几个学生的补习班发展为一家在当地小有名气的英语培训机构。

张伟找到了自己的发展方向，取得了不错的成绩。当他回头再看，以前的那些同事依然守着那份稳定的工资，无所事事地混日子，生活依旧没有任何改变。他非常庆幸自己没有安于现状，而是选择去探索另外一个方向，收获了一种完全不同的生活。

为什么别人有的，你却没有呢？原因其实很简单：人不付出就不会有收获。想要得到什么，就得努力争取，付出代价。在困顿、迷茫、一无所有的时候，与其抱怨与感伤，倒不如行动起来，为自己争取一片更广阔的天地。

起点决定不了你的终点

很多人心里都会有这种感觉：这个世界，真的很不公平。

你花了四年的时间刻苦学习，每年都拿奖学金，以为学到了本领，将来就可以找到更好的工作，过上更好的生活。毕业之后才发现，你扎实的专业技能，有时候竟然抵不上关系户的一句话。

你得了重感冒，连起床都要用尽洪荒之力，依然要挣扎着天不亮就出门，拼命把自己塞进拥挤的地铁里，心里想的只有赶快到公司，按时打上卡，别丢了这个月的全勤奖。到了公司，看见别人已经悠悠哉哉坐在工位上，抱怨着最近都没怎么出门，连三环都没出去过。

你每天累死累活，加班加点，省吃俭用也买不起一套婚房。未来的岳父母虽然没有明确表态，却已经不止一次跟你说，他们的女儿也不小了，也该早点儿定下来，结婚生子，有个自己的住处。你心情复杂地琢磨他们的话，翻开朋友圈，却看到有人晒出婚纱照。那人的年纪比你小，收入只有你的一半，可人家名下的房子却不止一套，是父母早就买好的。

…………

现实的落差总是这样打击着在外打拼的年轻的寒门子弟。他们处在职场的底端，做着最辛苦的工作，拿着低级别的工资。每天辛辛苦苦工作，生活却一成不变，看不到希望。

但是，真的没有希望吗？

其实希望一直都在，只是很多时候它不会主动出现，需要我们自己去找寻。

松下幸之助年轻时穷困潦倒，身材瘦小，穿着也非常寒酸。有一次，他去一家公司求职，接待他的人事主管特别看不起这个穷酸的矮个子，只跟他说暂时不缺人，就把他打发走了。可松下幸之助不甘心，过了一个月，又一次来到这家公司。这一次，人事主管对他更不耐烦，直接推说有事，让他离开，过几天再说。

在一般人眼里，这种情况下，“过几天再说”摆明了只是一个托词，是对方比较客气的拒绝方式。可是，松下幸之助却在几天之后又来了。人事主管见状，无可奈何，只好实话实说：“你穿着这样脏兮兮的破烂衣服，是进不了我们这样的大公司的。”

第二天，人事主管发现，松下幸之助又在公司出现了，这次他穿了一身整洁的新衣服。人事主管实在拿他没有办法，只好对他说：“你对我们这行一点儿了解也没有，我们真的不能录用你。”

又过了一天，松下幸之助没有再来；又过了几天，也没有来。直到两个月之后，松下幸之助才又一次站在那位人事主管面前，他说：“我花了两个月的时间，已经学到了不少关于电器方面的知识。要是我在哪些方面还有欠缺，请您告诉我，我一项一项去学。”

人事主管终于被松下幸之助的诚恳和坚持打动，他盯着松下幸之助看了半天，说：“我从事这项工作几十年，还从来没有遇到过像你这样的求职者。我真的非常佩服你的韧性和耐心。”

松下幸之助终于如愿进入了那家公司。他以此为起点，一步一步努力攀登。后来，他创立了松下电器，并将其发展为一家知名的跨国公司。而松下幸之助本人，也成为世界闻名的“经营之神。”

人生是一条没有止境的路，一个人这一生能走多远，并不由他的起点决定，而是取决于他付出的努力。也许出身寒微，处境不利，会给成功之路增添许多阻碍。但无论身处怎样的位置，只要努力、坚持，总有一天会到达梦想的彼岸。

当然，差距是客观存在的，不容忽视。家庭条件好的孩子从小就可以去旅行，走遍祖国的大江南北，而贫寒人家的孩子的活动范围只有家和学校附近。精英分子家庭的孩子在人生重大决定面前，有明智的父母提点，帮他们分析状况，出谋划策，而普通人家的孩子眼前一片茫然，要经过不知道多少次碰壁，才能找到属于自己的路，而回头一看，在自己苦苦摸索的时候，别人早已朝着预定的目标努力，领先了一大截。

然而，有一种人是不会被这些差距吓到的。他们不会把与别人的差距放在心里，他们只知道，想做什么就拼尽全力去做。

在美国一个荒凉的小村庄里，有一个男孩子，他家庭贫困，但特别喜欢读书、学习知识。而他的父亲只想让他帮家里开垦劳作，将来当一个农民，不愿意让他上学。后来，在母亲的支持与鼓励下，他终于进入学校，可是此时他已经十五岁，从没读过书，要从认字母开始学起。

每天他都要走很远的路去上学，买不起算数书，就向别人借，然后抄在纸上用麻线缝合起来，做成一本自制的“手抄本”。更糟糕的是，他并不能像别的孩子一样每天按时去学校上课，在校的时间无法固定，知识都是零零碎碎学来的。即使是这样，他上学的时间，加以来总共也不到一年。

但是这个男孩儿一直在刻苦读书，即使在田地里劳作的时候，也会将书本带在身边，一有时间就捧着书看。晚上的时候，他掌着小油灯读书，一读就读到深夜。

长大之后，他为了生存而从事过各种艰苦的劳动，当过水手、店员、乡村邮递员、伐木工，等等。在艰难的生存条件下，他始终没有忘记学习，通过自学获得了丰富的知识。后来，他献身政治，成为了一名杰出的政治家。

他就是亚伯拉罕·林肯，美利坚合众国第16任总统，黑人奴隶制的废除者。

也许我们并不是含着金汤匙出生的幸运儿，但与林肯比起来，我们中的大多数人都要幸福得多。那么，还有理由继续迷茫呢？

刘琪大专毕业以后就不再读书了，托家里的亲戚找了一份办公室小妹的工作，挣得不多，但是工作轻松。她本打算一直这么干下去，等到了年纪就结婚成家。

她所在的公司在一座写字楼里。上下班乘电梯的时候，她经常遇到一个女孩子，穿着朴素，胳膊里总是夹着书本。刘琪注意到，女孩儿带的书在发生变化，一开始是高中的课本和辅导书，之后换成了自考本科的教材，再到后来，变成职业资格考试的教材。现在，女孩儿手里的书已经不再是课本，而是各种各样名著或畅销书，身上的衣服也越来越得体，整个人的气场也强大起来。

看到女孩儿的变化，刘琪的心里也渐渐有了波动。她也拾起弃置多年的书本，开始准备专升本的考试了。

也许你现在学历不高、资质平平，现在的你已经是这个样子，自怨自艾、唉声叹气都无法改变现状。其实，大家都是普通人，找不到闪光点，也没有什么大不了的。最重要的是，你能不能用自己的实际行动去改变命运。

这就像登山。有的人在半山腰，有的人在低谷，有的人能乘坐缆车，有的人只能一步一步艰难攀登。但是，最后能到达制高点的，必定是那些不畏艰险、努力攀登的人。起点在低处的人，也许有更长的一段路要走，可只要脚踏实地向上攀登，每一步，都会是一个新的高度。而顶峰，终有一天会到达。

自己的路，自己找寻

在第三次考研失败之后，张森森下定决心：好好找工作，再也不考了！

张森森本来就不是那种爱学习的好学生。上大学的时候，只想着早点儿毕业，好好找份工作，在社会上闯荡一番。可她的男朋友王超却有着完全不同的想法，王超从刚上大学起就下定决心读研，他每天坚持上自习，刻苦学习专业知识，各门成绩都很优秀。大四那年，他顺利考上了名牌大学的研究生。

毕业之后，张森森在原来的城市找到一份公关策划的工作，而王超则去另一个城市读研。他经常在电话里劝张森森，希望她能把工作放下，也考研究生，最好两个人考到一个城市。这样的话，就不用分隔两地，相互之间有个照应。更重要的是，如果都读了研，两个人之间也能有更多的共同语言，毕业以后也可以齐头并进，一起发展。

在王超的无数次劝说之下，张森森渐渐动了心。初入职场的压力折磨地她焦头烂额，于是，她不禁向往起王超对她描述的新鲜又精彩的校园生活来。经过一番犹豫，张森森终于下定决心，辞职考研。而她的目标，就是王超所在的学校。

可是，经过三年的苦战，每次都是铩羽而归。

张淼淼本来就不是读书的料，虽然每天都按时去上自习，却始终不能真正塌下心来专心读书，经常玩儿手机、走神、开小差。所以虽然看起来每天都在看书学习，但实实在在学到的东西却没有多少。张淼淼自己心里很明白，可一看到王超读了研究生之后的生活，想到他为他们的未来描绘的蓝图，对读研究生的向往就在她心里燃烧起来。

直到第三次失败，张淼淼才死了心。自己不是读书的材料，考研这条路适合王超，却不适合自己。

张淼淼扔掉了厚厚的考研教材和参考书，开始专心找工作，她脱离职场三年，想要得到一份合适的工作并不容易。几个月里，她换了不下五个工作，或是薪水太低，或是没有发展前途。终于，在一番忙忙碌碌的投简历、面试之后，她被一家公司录取，成为一名人事专员。

张淼淼从没做过这类的工作，但她在大学时就是学生会的成员，在与人打交道的事情上得心应手，很快就适应了这个工作岗位。到这一步，她才觉得真正找到了自己，发现了自己的价值，感觉未来的路也有了方向。

现在的张淼淼已经成为一家上市公司的人事主管，而王超也研究生毕业走入了职场。两个人已经准备组织自己的家庭。

没有两个人是完全相同的，一个人无法复制另一个人的轨迹，就算是相爱的人，也有各自的路要走。在这个世界上，生活着70亿各自具有不同特质的人，在他们各自的生活轨迹中，至少也存有上亿种成功模式。当我们每一个人特定的优势与劣势、需要与理想是如此的与众不同时，怎么可能存在一种放之四海而皆准的成功模式呢？

很多年前，《读者》的主编曾经收到一封特殊的来信，信是一位姑娘写的，她问了主编一个问题：为什么自己已经很努力地按照《读者》中所写的方式生活，却还是活得不幸福？

这个姑娘问出了很多人心中的不解，类似的困惑，在我们的生活中显而易见：

为什么我看了那么多教人搞好人际关系的书，人缘却依旧不好？

为什么我按照书里写的方法学英语了，考试却还是没过？

为什么我读了那么多成功学，却没有机会飞黄腾达，到现在还是一个普通的小职员？

为什么我按照微信公众号上的情感类文章去做了，他还是不爱我？

……

问题各式各样，可这些问题的答案是相同的：人生是没有模板的。

生活没有模板，人际交往没有模板，学习方法没有模板，成功没有模板，爱情没有模板……

你的人生独一无二，适合你自己的路，只有你自己去找寻。它神秘而又绚烂，值得你用一生去追求。

古时候，在一望无垠的沙漠深处，有一座埋藏着无数宝藏的古城。要想获得宝藏，就要穿越整个沙漠，还必须战胜沿途数不清的陷阱和机关。沙漠里缺水，没有旅店，想穿越无疑是件困难重重的事，更别说逾越、战胜那些陷阱和机关了。

许多人都十分向往沙漠古城里价值连城的财宝，却没有十足的勇气去征服沙漠中的陷阱和机关。这些珍宝，就这样在沙漠古城中埋藏了许多年。

有一年，一个勇敢的人得知了这个消息后，独自踏上了艰辛而漫长的寻宝之路。为了在返程之时不会迷失方向，这位寻宝者每走完一段路，都要做一个明显的标记。他在沙漠中不断行走，不断摸索。然而，当他依稀看到古城之时，却不小心掉入了陷阱，眨眼间便被毒蛇咬成白骨。

过了许多年，又有一位勇敢的寻宝人踏入了这片渺无人烟的沙漠，当他看到前人留下的标记时想：这条路一定有人走过，沿着别人指引的道路行进，一定没有错。他高兴地沿着前人留下的标记走了一段路，果然没遇上什么危险。可就在他大胆向前迈进时，稍不留神，也掉进了陷阱之中。

又过了几年，又一位勇敢的寻宝人走进了沙漠，他选择的同样是前面两人走的道路。结果，他的命运也同样悲惨。

最后，一位智者走进沙漠来寻宝，当他看到前人留下的醒目标记后，心想：这些标记不一定就十分可靠。前人指引的道路，不一定就是一条安全、正确的道路。不然的话，那些寻宝者为什么会一去不复返呢？智者在一望无际、险象丛生的沙漠中，重新开辟了一条崭新的道路。他每迈一步都十分小心。最终，他克服了重重困难，抵达了埋藏宝藏的古城，获得了无价之宝。

智者临终之时，曾对自己的儿孙说："前人走过的路，并不一定就是一条通向成功的正确道路。前人的路标指引的方向，也不一定就是正确的方向。要想获得人生的宝藏，就需要大胆去探索、去开辟一条属于自己的路。被众人走过的宽敞大路，绝没有无价之宝等待着自己去挖掘。即使真有宝藏，也被那些早日踏上这条道路的寻宝人夺走了。”

这个故事能给我们这样的启发：世上的路并不是走的人越多越平坦、顺利，沿着别人的脚印走，不仅走不出新意，有时还可能跌进陷阱。其实生活中，我们有很多时候又何尝不是在重复着别人的老路，别人说这样做不对，便不敢去做；别人都去做的事，一定要亦步亦趋地去追随，这就是我们生活中大多数人的真实写照。

跟在别人的脚步后面，永远走不出自己的道路。试想，如果当你年老时，回首你的人生道路，每一个脚印都不过是对前人的重复，这样的人生，有什么意义呢？俄国作家契诃夫说得好：“有大狗，也有小狗。小狗不该因为有大狗的存在而心慌意乱。所有的狗都应当叫，就让它们各自用自己的声音叫好了。”

人生只属于自己，一味遵循他人的思想、不敢面对真理是懦弱的表现，这样的人生是悲哀的。**我们应该成为主宰自己生命的人，走自己的路，走出自己的风格，走出自己的个性，我们的人生才会是独特的，才会是精彩的。**

不要随便说“我不行”

刘芳大学毕业后的第一份工作，是在一家公司当文员。有一次，公司约见了一名重要的客户进行会谈。老板把准备会议资料的工作交给刘芳，并嘱咐她说：“这次会议非常重要，关乎公司的发展前途。所以这份资料一定要好好准备，千万不能出错。”

刘芳听了老板的话，心里却有些迟疑，老板把这份重要任务交给自己，是对自己的肯定和看重，可是，自己才刚毕业没多久，从来没有接触过类似的工作，一下子就接手这么重要的任务，能做得好吗？

于是她对老板说：“对不起，老板。我刚来公司没多久，对这个项目也不是很了解。这份会议资料这么重要，我怕我准备不好……”

老板听了她的话，顿了一顿之后，对她说：“既然知道这份任务很重要，那尽自己最大的努力去做。还没试呢，怎么知道自己做不好？公司把员工招进来，不是为了让他一直做最基础的工作，而是希望每个员工都能提升自己，发挥自己最大的价值。要是你想让公司看重你，那就把这件事做好。如果连这么点儿挑战都不愿意接受，那就继续混日子吧。”

刘芳听老板这么说，只得硬着头皮接下了任务。她加班加点地准备那份重要的资料，终于按时交到老板的手里。

刘芳交上去的资料充分全面，会议进行得也很顺利。从此之后，老板经常把重要的工作交给刘芳去做，刘芳在公司发挥的作用越来越大，顺利升职加薪。

虽然后来离开了那家公司，但是刘芳说，她在心里一直感谢那位老板，如果不是他的鼓励，自己可能一直在基层文员的位置上按部就班地混日子，不可能有现在的突破。是那位老板让她明白，一个人的能力并不是自己所认为的那些，而那些未发掘的潜能，只有敢于接受挑战，才能发挥出来。

面对新领域、新任务、新挑战时，很多人的第一反应就是“我不会，我不行，我不懂，让别人去做吧”。这种退缩虽然看起来规避了风险，可实际上却是主动放弃了提高自己的机会。其实，很多时候，我们面对一件事不知道怎么做，或者做不好，并不是因为我们的能力不够，而是差那么一点突破，那么一点坚持。

爱因斯坦上小学的时候，有一次交劳作课作业，同学们交上了各式各样的手工作品，有布娃娃、泥做的小鸭子，等等。可爱因斯坦交上去的却是一个粗糙难看的小板凳，其中一条腿还钉歪了。同学们见了，哄堂大笑，交头接耳地议论起来。

老师看到这个板凳很生气，说：“这个世界上不会有比这个还要糟糕的凳子了。”

爱因斯坦听了，走到老师跟前，怯生生又无比坚定地说：

“不，老师，还有比这个更糟糕的。”

他说完，回到自己的座位上，从桌子底下拿出两个更粗糙的板凳：“这是我第一次和第二次做的，第三次做的虽然还是不够好，但比前两次已经好多了。”

听到爱因斯坦的这些话，不仅老师不再生他的气，同学们也没有人再嘲笑他。

面对一项充满挑战性的任务，不是轻易放弃，也不是糊弄差事，而是尽自己的全力去做到更好。这种笃定与坚持，是爱因斯坦成为伟大科学家的重要因素之一。

很多时候，能够限制一个人的不是实际的问题和困难，更不是所谓的能力不足、无能为力，而是自己内心的畏惧、怀疑与彷徨。一旦在心里相信了“我不行”，不管再适合的契机、再优越的条件，都无济于事。一旦获得了信心，许多问题就将迎刃而解。

对我们每个人来说，我们在这个世界上都是独一无二的奇迹，都是自然界最伟大的造化，长得完全一样的人以前没有，现在没有，将来也不会有。物以稀为贵，所以只有正确认识自己的价值，对自己充满自信，不断发挥自身的潜力，才能将我们生存的意义充分体现出来。

基恩博士是美国著名的心理医生，他常常对人讲这样一个故事：在一个公园里，几个白人小孩正玩得高兴。这时，一位卖氢气球的老人推着小车进了公园。白人孩子一窝蜂地跑了上去，每人买了一个，兴高采烈地追逐着放飞在天空中的色彩艳丽的氢气球。在公园的一个角落，蹲着一个黑人小孩，他羡慕地看着白人小孩在嬉笑，他不敢和他们一起玩，因为其他人是白人，而他是黑人。他没有信心与白人小孩一起玩。当白人小孩的身影消失后，黑人小孩怯生生地走到老人的车旁，用略带恳求的语气问道："您可以卖一个气球给我吗？"

老人用慈祥的目光打量了一下他，温和地说："当然可以。你要一个什么颜色的？"

黑人小孩鼓起勇气说："我要一个黑色的。"

满脸沧桑的老人惊诧地看着小男孩，然后给了他一个黑色的氢气球。黑人小孩开心地拿过气球，小手一松，黑气球在微风中冉冉升起，在蓝天白云的映衬下，黑色的气球成了一道别样的风景。

老人一边眯着眼睛看着气球升起，一边用手轻轻地拍了拍小孩的后脑勺，说："记住，气球能升起，不是因为它的颜色和形状，而是气球内充满了氢气。一个人的成败不是因为种族、出身，关键是你的心中有没有自信！"

那个黑人小孩便是基恩博士自己。

如果说你能够正视自己的价值，相信自己，那么你就已经迈进了成功的大门。自信会使你创造奇迹。

马苏晴是一个命运多舛的女人，谁都不知道刚过而立之年的她历经了多少坎坷。然而，这个文静、清秀的女人脸上却总是挂着自信的笑容，并能从容地行走在各种交际圈中，找到属于自己的精彩。

马苏晴出生在一个偏僻的山区，而且是山区里的贫困人家，整日吃着玉米面糊糊粥，穿着补丁打了又打的衣裳，但她从来不因此而自卑，总是微笑着与同学们一起学习、玩耍。当时她立志要靠自己改变命运，走出大山。

辛苦读书十几年，成绩优异的她终于考取了上海一所不错的大学。但是就在四处奔走凑齐了学费的几天后，积劳成疾的父亲却去世了。这个变故使得马苏晴不得不放弃读大学的机会，她用瘦弱的身躯背起了简单的行李，来到了上海，在非常偏僻的城边上租了一个矮矮的小平房，从此过上了一边自学一边打工的生活。

看着同事们一个个穿着时尚服装，住着雅致的小楼房，进出高档场所，说实话马苏晴有一点自卑，但是最终她还是选择了自信面对，积极主动地与同事们说话。这样一来，同事们虽然觉得马苏晴穿得有点寒酸，但也很乐意和她做朋友。

后来，马苏晴通过了某大学成教的毕业考试，她极强的工作能力也获得了上司和同事的肯定，被提拔为小组组长。而且她的坚强、自信，很快受到了一位优秀男士的青睐，两人最终喜结连理，现在生活过得有声有色。

马苏晴各方面的条件都不如别人，但当她发现这一事实的时候，没有因此而瞧不起自己，也没有陷入自卑的漩涡之中，而是自信满满、积极主动地去和别人交流，正是她的这一份自信吸引来了更多朋友的好感和支持，最终获得了成功和幸福。

不要随便说“我不行”。世界上之所以平庸者居多，主要是因为很多人低估了自己的能力，在困难面前早早地就泄了气，所以只有接受失败的结果；而有些人遇到困难时不忧不愁，相信自己“一定能成功”“困难一定有办法解决”“事实就这样糟糕，但相信自己应该有办法解决”，因此，他们才能不断进步，直到成功。

世上的事情往往如此，越是不相信自己有能力解决，简单的事情越会变得复杂、不容易解决；相信自己有能力、有办法解决，事情做起来反而变得简单。

你等待的万事俱备，永远也不会来

吴敏娟是一家网络公司的部门主管，她在招聘新人的时候，都会问应聘者一个问题："你对我们公司的升职空间有什么期望？"

期望升职，对自己的职业生涯有明确规划的人，有希望留下来；而那些对升职的期望不高，只在自己现有的工作岗位上坚守的人，无论工作技能多么扎实，都不会得到录用。

吴敏娟说："公司的发展，需要的是新鲜的血液，是能为公司创造新的价值的头脑。不想升职，只想凭着自己现有的一点儿工作经验混日子的人，我们不需要。"

吴敏娟说得很坚决，让人丝毫都看不出，她也曾经是一个不想升职的人。

"那时候，在我的眼里，升职意味着更高的职称和更丰厚的薪水，可是，也意味着更大的压力。作为一名普通员工，只要把自己手里的任务按时完成就可以了，可是身为主管，却要管理整个部门，协调部门所有同事的工作。部门的工作完成得如何，主管要承担直接责任。上面领导层的压力不说，部门里的人什么样的都有，硬脾气、不服管的主儿也有那么几个。以我的能力，根本应付不了这些东西。"吴敏娜回忆着，忍不住轻笑了一声。

“看着跟自己同时起步的人一点点走到了前面，我才意识到自己原来想的全是错的，人要多些进取心，敢于承担压力，为自己争取，才会有未来。”

想要得到什么，必然要有一定的付出。也许要抛却早已习惯的舒适，也许要面临前所未有的挑战，也许要涉猎从未涉足的陌生领域，也许会焦头烂额，也许会不知所措，也许会拼尽全力却一败涂地。可是，不踏出那一步，就永远也不可能超越自己。只有鼓起勇气，行动起来，才有成功的可能。

王颖的故事就是个很好的例子。她曾经不知多少次下定决心学英语。最开始的那次是在大三的时候，那时她正交一个男朋友，两个人个性差异太大，关系已经不可挽回。感情的纠葛让她没办法安下心来读书，她想着：先把感情的事情处理好吧，等结束了这段关系，再好好读书也不迟。

就这样拖延了好久，好不容易两个人都下定决心不再继续下去，大四的第一个学期已经过去了两个月。毕业近在眼前，实习、论文，以及以后的职业规划，一一摆在眼前。王颖忙着应付毕业前的各种挑战，学英语的事自然放到了一边。好在，毕业的时候，她比较顺利地找到了一份不错的工作。

这下可以学英语了吧。不行，初入职场，各种各样的不适应让王颖措手不及，每天都累得筋疲力尽，好不容易有空余时间，为什么不放松一下呢？还是等适应了新工作再学吧。

就这样，时间一点点过去，王颖那套英语教材却一直在角落里吃灰尘。王颖已经忘记了学英语这回事。直到有一天，公司要组建一个团队去美国负责一个合作项目，王颖才想起自己蹩脚的英语。

可是，这次的机会已经赶不上了。

是的，成长的路上，没有所谓的万事俱备，想要等到所有条件都适宜的时候才开始一件事，最后的结果只能是蹉跎。很多时候，成功的希望并不是那么显而易见，我们要做的不是评估风险、得失，而是认定了什么，梦想着什么，就要努力去争取。哪怕只有一丝希望，也不能放弃。

刘丽丽说，她现在从事的这个各方面都不错的工作，细细想来，本应是属于另外一个女孩的。

那年，刘丽丽连续几次高考落榜，无奈之下，只好进了一所民办女子中学教书。教学之余，她一直不停地苦苦寻觅，希望能找到一个更适合自己的去处。

当时，同她一起在那所民办女子中学共事的还有一位女孩，她叫王娟，是某名牌大学中文系毕业生。她由于在机关工作得不太顺心，一气之下走了出来，之后又没有合适的去处，后悔得不行，只好屈就做一名临时教书匠。

一次，劳动局人才交流中心的两位工作人员来找王娟，要她交纳档案代管费（她的个人档案由交流中心代管）。闲谈之间，其中一位向她提到，有一家大公司需要一名办公室主任，让她去试试。但是王娟却说："没有熟人，这怎么能成呢？"之后，这个话题他们就一带而过了。

而刘丽丽当时就在苦苦寻觅各种可能的机会，听了他们这番话之后，心里不禁一动："我何不去试试？"

下班之后，刘丽丽找到几个要好的朋友，问他们："你们说，这件事到底有没有希望？"

“这事即便有希望，那也只有百分之一的希望，甚至万分之一的希望。”

“百分之一、万分之一的希望就等于没有希望。”

刘丽丽只是默默地听着，她一个晚上没有说话，朋友们的话不断地充斥在耳边，在她心中盘绕。

而一个人对于明知没有希望的事，是很难提起劲儿去做的。

可是，真的没有希望吗？真的连一点儿希望都没有吗？！

第二天，刘丽丽起得很早，天还没亮。人才交流中心那位同志的话，不经意间又响起在她耳边……她忽然觉得自己应该去试试，只当一次演习好了。何况，她心里也觉得希望就是希望，无所谓百分之一、万分之一。

主意一定，她马上找出各种可以证明我的能力的东西：发表在报刊上的文章、获奖证书、报社的优秀通讯员证书等。她决定无论成与不成，都应该去试试。

现在，她知道该怎么去做了。她所能够努力的、能够发挥的，是这件事的过程，没有“过程”而去谈“结果”，这无疑是空谈。她很详细地排好了这个“过程”的许多细节：先给公司的总经理写了一封自荐信；两天后，在对方收到信的时候，她又打去了电话……

终于，她与公司总经理见面了。那位经理不但亲自接待了她，而且还很详细地看了她带去的资料，问了她的情况。他还说：“像你这样自己上门来自荐担任这样重要职位的，没有规定的学历和资历，而且又是个农村青年，这在我们这个小城是不多见的。”

停了一会儿，他又说：“我还得与公司其他领导成员商量一下，不过现在基本是可以定下来的，我看你下周一就来上班吧。”

这是真的？这是真的？！

这当然是真的！

如今，刘丽丽已成为两个驻京机构的负责人，同男朋友一起从西北小城进入了首都，开拓着事业的新天地……

一个本来属于别人的机会，别人不经意地放弃了，而刘丽丽却如获至宝地紧握在手中，并努力地将它实现，这是她人生的一大收获，其意义已远远地超出了事件的本身。相信在她以后的人生中，每每遇到艰难曲折之时，它都会化成一股神奇的力量，支撑着她一步一步地去实现自己的目标。

同样的一件事，一个人看到的是困难，是差距，是不可能，另一个人看到的是希望。看到困难的人选择了放弃，而看到希望的那个人，全力以赴地奔着那一点希望冲刺，最后得到了自己想要的。

观望者蹉跎，行动者进步。**机会就像闪电，稍纵即逝。所谓的万事俱备、十拿九稳只是一个并不真实存在的理想状态，只有在机会到来时果断出击，才能把它牢牢抓在手里。**成功的人从来不会畏畏缩缩，他们只会在该行动的时候立即行动，纵然会承担风险，遭遇困难，但总能比那些默默观望的人，离理想中的目标更近。

第二辑

生命的精彩是谁也阻挡不了的脚步

人生有无数种打开方式

没见过高山，就不会知道高耸入云的险峻；没见过大海，就不会了解一望无际的辽阔；没见过草原的云，就无从想象这世间极致的洁白；没走完一生，就无从知晓人生将会有怎样的际遇和感悟。

这个世界广阔而辽远，而人生却只是一个有限的过程，仅此一次，没有彩排。就像毕淑敏说的："**生命之所以宝贵，不在于它只有一次，而在于每个人都有自己独特的轨迹。**"今生既不能与前世相比较，也不能以来生去修正。什么样的轨迹才是最好，什么样的选择最为明智，没有谁能给出一个正确的检验标准。

人生并不是按照固定的剧本进行的演出，而是一场充满着无限可能的探索，只要敢想，只要敢做，一切皆有可能。

很长时间以来，人们一直认为要在240秒内跑完一英里是不可能的事，不过在1954年，罗杰·班尼斯特就打破了这个信念障碍。在此之前，罗杰曾经在脑海中多次模拟以四分钟时间跑完一英里，长久下来便形成极为强烈的信念，因而对神经系统有如下了一道绝对命令：必须全力完成这项使命，果然他做到了大家都认为不可能的事。

谁也没想到班尼斯特的破纪录，却给其他的运动员带来无比的影响，在此之前没有一个人打破四分钟跑完一英里的纪录，可是在随后的一年里竟然有37个人进榜，而继其后的一年里更高达三百人之多。

很多人似乎已经习惯了按部就班，习惯了先说“那不可能”，习惯了没有奇迹，甚至，习惯了自己的习惯。可是正如电影《飞越疯人院》中麦克默菲说的那样：“不试试，怎么知道呢？”

王薇大学时学的是会计专业，她是那种学习很刻苦的学生，成绩不错，专业素质也很过硬。大学毕业之后，她顺利进入一家500强企业从事财务工作。

从找到这份工作之后，王薇就成了大家口中的“别人家的孩子”，收入高、工作体面，更可贵的是老实本分又懂事，从不让父母操过多的心。

可是，王薇自己的感觉却没那么好。这份看似不错的工作不能给她带来一丝一毫的快乐。她不喜欢那些冷冰冰的数据和材料，虽然对现在的工作已经得心应手，但心中向往的，却是另一片天地。

有一天，毫无预兆地，王薇向公司提交了辞呈，离开了熙熙攘攘的大城市，回到家乡。

她捡起了小时候从母亲那里学来的针线手艺，尝试着用棉麻布料做包包，在网上销售。现在她的手工棉麻包包已经打开了销路，拥有了一批忠实粉丝。

从刺眼的电脑屏幕、浑浊的空气、地铁、拥挤的人群，到熟悉的家乡、柔软舒适的布料、细密的针线，王薇的心沉静了下来。她觉得，自己终于找到了想要的生活。

对于大多数人来说，也许待在自己熟悉的区域里会更有安全感，熟悉的环境，熟悉的人，得心应手的工作，似乎所有的一切都已经把握在自己手中。可是，人的潜能是无限的，如果总是把自己限制在一个固定的领域里，不去挑战新的事物，人生怎么能够达到全新的高度呢？既然心中有梦想，不如跳出那个无形的框框，去做那个真实的自己。

爱迪生曾经说过："不要试图用语言证明你是什么样的人，你是否有成就在于你是否有行动的习惯。一种是畏首畏尾，它决定了你永远没有成功的机会；另一种是敢拼敢闯，它注定你脚下的路必然通向罗马。"

在拿破仑征战各国的时候，有一次一个士兵掉进湖里，岸上的人都不会游泳，乱作一团。拿破仑过来后，命令士兵游回来，士兵挣扎着说不行。

"你做好游回来的准备便能游回来！"

拿破仑从士兵手里接过枪，朝那个士兵前面的水面打了几枪，命令他赶快游回来，否则就枪毙他。

士兵见状吓得掉过头去，奇迹般地游上了岸。

人们常常会对自己本身或自己的能力产生"自我设限"的观念，对于愿望能否实现心存疑虑，长久下来他们便开始学得务实，而最终沦为平庸。实际上，你有多大的潜力，你可能自己都不知道。当你面临一片悬崖的时候，你才会发现，原来自己也是好样的。

所以，不要被"不可能"禁锢了你，大家所认为的"不可能"实际上是可能的。因为有时候奇迹会发生。

在现实生活中，我们有太多的人生活在一种被束缚、被阻碍、不良的环境之中；生活在一种足以泯灭热诚、丧失志气、分散精力、浪费时间的氛围中。最终志向会因没有成绩，失望之故而归于死亡。其实，很多时候所谓的困境并不像我们所想象的那么不可战胜，我们缺乏的只不过是一股前进的动力，只要你敢于拼搏、敢于挑战，那些看似不可能的事，你都会让其成为可能。

王涛是个不安分的人。大学毕业两年里，他来回换了六份工作。后来，发现自己不适合朝九晚五的上班族生活，就干脆在家写起了文章，开始弄公众号。可惜他虽然有几分文采，却找不到运营微信公众号的方法，这个尝试算是失败了。然而他并没有消停，又收拾行李去了云南，与一个朋友合伙经营客栈。最近，他又在微信上发起众筹，以客栈为根据地，为追逐梦想的年轻人们筹办各种活动。虽然已经是客栈的半个老板，但他并没有赚到什么大钱。可是，他活得潇洒自在，见识了形形色色的人和事，每天过得都很充实。

我们生活在一个多元化的社会，身为年轻的一代，我们可以进行各种尝试，找寻自己的梦想。只要头脑中有想法，心中有勇气，就能创出自己的一片天地。曾经有名牌大学的高才生，不去顺理成章地当个白领，而是选择去卖猪肉、当技工；也曾经有没怎么上过学的底层年轻人，凭着自己的头脑和毅力创业成功，成为老板。能走的路有很多，并不只有最符合传统的那一条，有些看似遥远的、与自己无关的生活，其实也是可以追寻的。

这个世界上，还有无数未知的东西等着我们去探索。不要因为一时的顺境而满足，不再寻求进步，也不要因为一时的局限，就认为自己命数已定，一辈子都是这个样子。学习的机会有很多，要抓紧了解更多的东西，扩大自己的眼界，力求找到最适合自己的领域。

人生拥有无数种打开方式，而到底哪一个最适合你，只有你自己去体验，去找寻。遇事敢于放手一搏，敢于做决定的人往往能紧握命运的缰绳，争取自己想要的一切事物，在人生的旅途中纵情高歌，一路驰骋。

为你的梦想画出蓝图

1916年，一个女孩儿出生在日本。跟大部分的女孩子一样，她在父母的呵护下度过了一个快乐的童年。20岁那年，她结了婚，可结婚刚半年，就发现对方是个无赖，只得无奈离婚。33岁那年，她与一名厨师相爱，两个人组建了新的家庭。

她是个性情中人，在年轻时就喜欢读书，五六十岁的时候，又喜欢上跳舞。因为心中有对艺术的热爱，在心爱的丈夫去世之后，她的生活也没有陷入灰暗。即使只剩自己一个人，也要好好生活，把日子过得有滋有味。她爱舞蹈，所以不在乎自己的年龄，一直快快乐乐地舞着；她爱漂亮，口红和镜子随身携带，即使自己一个人在家，也要化上淡妆。

92岁那年，她扭伤了腰，不得不停止了跳舞。儿子见她情绪低落，就试着转移她的注意力，鼓励她写诗。儿子的建议勾起了她心中对文学的热情，她把自己积淀一生的感悟写成文字，并成功发表。看到自己的诗歌变成铅字印在报刊上，她欣喜万分，以更大的热情继续写诗。

6年之后，98岁的她出版了自己的诗集《别灰心》，当年就热销150万册，进入日本年度畅销书前十名，创造了日本诗集出版的神话。

她的诗歌以爱、梦想和希望为题材，像温暖的阳光，照耀着自己，也温暖着他人。暮年的她在诗中找到了生命的活力，让自己的生命到达了一个新的高度。

2016年，当她的第二部诗集《百岁》出版时，有记者问她："你有没有意识到，自己已经100岁了？"

她笑着说："写诗的时候根本没有留意到自己的年龄，看到写好的书，才知道自己已经100岁了。"

她就是柴内丰，一位平凡的日本老妇人。因为心中的梦想，她在90多岁的年纪里造就了生命的辉煌。

每个人从小到大都有自己的梦想，有些人抓住自己的梦想，为了梦想勇敢地去尝试，最终让梦想得以实现，也让自己的一生更有意义。但是很多人在生活中随波逐流，渐渐地遗忘了自己的梦想，很少有人为自己的梦想去努力和奋斗，人没有了梦想，生活只能在平淡中度过。如果没有梦想，哪里会有现实中的成功呢？

有这样一个故事：

燕雀看见高飞的鸿鹄，不解地问："这里有吃有喝的，为什么你不停下来，还要辛苦地闯荡在狂风暴雨之中呢？"鸿鹄坦然地一笑，回答说："你们安乐于蓬草之间，而我的目标却是在远方更为广阔的天地。安于享乐，没有高远的志向，只会让自己放弃远大的前程，失去追求的目标，狭促在蓬草之间。难道你们就不知道，'心有多大舞台就有多大'的道理吗？"

心有多大，舞台就有多大；志有多高，路就有多远；有什么样的梦想，就会成就什么样的人生！这就是一个成功者的至理明言。

在外人看来，这个绰号叫斯帕奇的小男孩在学校里的日子应该是难以忍受的：从小学到中学，他的成绩一直一塌糊涂，就连体育也糟糕得不行；社交场合也从不见他的踪影，不是大家不喜欢他或讨厌他，而是笨嘴拙舌的他在大家眼里，根本就不存在。

在别人眼里，斯帕奇是一个彻底的失败者。然而他并不在乎这些，从小到大，他只在乎一件事情——画画。他深信自己拥有不凡的画画才能，然而，除了他本人以外，他的那些涂鸦之作从来没有谁看上眼。上中学时，他向毕业年刊的编辑提交了几幅漫画，但一幅也没有被采用。尽管如此，斯帕奇并没有失去信心，并下定决心今后成为一名职业漫画家。

中学毕业那年，斯帕奇给当时的迪斯尼公司写了一封自荐信。该公司让他把自己的漫画作品寄来看看，同时规定了漫画的主题。于是，他投入了巨大的精力与非常多的时间，以一丝不苟的态度完成了许多漫画。然而，漫画作品寄出后却石沉大海，最终迪斯尼公司没有采用他，他再次遭遇了失败。

这次失败几乎打破了斯帕奇的全部希望。走投无路之际，他尝试着用画笔来描述自己平淡无奇的人生经历。他以漫画语言描述了自己灰暗的童年，不争气的少年时光——一个学业糟糕的不及格生，一个屡遭退稿的所谓艺术家，一个没人注意的失败者。他的画融入了自己多年来对画画的执著追求和对生活的真实体验。画中那个名叫查理 · 布朗的小男孩与斯帕奇本人一样，也是一个失败者：他的风筝从来都没有飞起来过，他也从来没有踢好过一场足球赛，他的朋友都叫他木头脑袋。

让斯帕奇没有想到的是，他所塑造的漫画角色一炮走红，连环漫画《花生》很快就风靡全世界。他始终把画画作为自己的一切，没有因别人的轻视而退缩，克服种种压力一直坚持下去。终于，一部优秀的作品酝酿而成，斯帕奇的人生也从此改变。

他就是鼎鼎有名的漫画大师——查尔斯·舒尔茨！

可以说，是“成为漫画家”这个梦想，改变了查尔斯·舒尔茨的人生。很多的成功都源于一场梦、一个梦想，梦想可以启发一个人，带着他去研究、去推理、去探索，终于有所成就。

撒哈拉沙漠中有一个小村庄叫比塞尔。它在一块1.5平方公里的绿洲旁，从比塞尔走出沙漠需要3昼夜的时间。可是在英国皇家学院的院士肯·莱文1926年发现它之前，这里的人没有一个走出过大沙漠。据说他们不是不愿意离开这块贫瘠的地方，而且尝试过很多次都没有走出来。

肯·莱文用手语同当地人交谈，结果每个人的回答都是一样的：从这儿无论向哪个方向走，最后都还是要转回到这个地方来。为了验证，莱文做了一次试验，从比塞尔村向北走，结果3天半就走了出来。

比塞尔人为什么走不出来呢？肯·莱文感到非常纳闷，最后他决定雇个比塞尔人，让他带路，看看到底是怎么回事？他们准备了能用半个月的水，牵上两匹骆驼，肯·莱文收起指南针等设备，只拿着一根木棍跟在那个比塞尔人后面。

10天过去了。他们走了大约800英里的路程，第11天的早晨，一块绿洲出现在眼前，他们果然又回到了比塞尔。这一次肯·莱文终于明白了，比塞尔人之所以走不出大沙漠，是因为他们根本没有方向和目标。

莱文在离开比塞尔时，带了一个叫阿古特尔的青年。并告诉他："只要你白天休息，夜晚朝着北面那颗最亮的星星走，就能走出沙漠。"阿古特尔照着去做，3天之后果然走到了大漠的边缘。

在一望无际的沙漠里，一个人如果凭着感觉往前走，他会走出许许多多大小不一的圆圈，最后的足迹十有八九是一把卷尺的形状。比塞尔村处在浩瀚的沙漠中间，方圆上千公里，没有指南针，想走出沙漠，确实是不太可能的。

前行是需要有方向的。梦想的意义在于，为人生提供一个方向，一个目标，有了目标，才能走出眼前的小世界，到达无限辽阔的远方。

人因为梦想而伟大，从某种角度而言，人类历史就是产生梦想并实现梦想的历史。如果你心中有梦想，不如尝试着在现实生活中去探索，为你的梦想规划一个蓝图，坚持朝心中的那个目标迈进。梦想不是在睡梦里才想，而是胸怀壮志，却用每一次的积极行动去积累，梦想的伟大之处不在于是否成功，而在于孜孜不倦的态度、义无反顾的精神和坚持不懈的品质。

如果你知道要往哪里走，世界就会为你让出一条路。如果你拥有一个真正属于自己的梦想，那就勇敢地去拥有、坚持，从现在开始，为你的梦想画出蓝图，去一步步实现。人生因为追求梦想生活而多彩多姿，因为实现梦想而成功。而生命，也因为有了梦想，而精彩无限！

推翻恐惧的“围墙”

小时候，刘海超有一点口吃，尤其是在紧张的时候，经常会磕磕巴巴说不出一句完整的话。他最害怕的就是上课被老师点到名字，要站起来回答问题。因为每次他站起来的时候，都会有几个学生发出嘲弄的大笑声，这种笑声让他心里一阵紧绷，顿时结巴起来，原本心里很清楚的答案也说不出来。同学们看到他窘迫又结巴的样子，顿时哄堂大笑，这让他心里更加不是滋味。

就这样，刘海超对上课回答问题形成了一种恐惧。虽然随着年纪一天天长大，他的结巴已经不经意间消失了，但是对当众发言的恐惧却留在了他的心里。他最怕的就是在大庭广众之下或者对着陌生人说话，更怕别人把目光都落在他身上。长大之后，他形成了内向而不善言辞的性格，只会闷头做事，最不擅长的就是与人交谈、沟通。

到了大学毕业，大家纷纷走出校门，开始找工作。刘海超是学中文专业的，学习成绩虽不拔尖，但也算不错，读书多，知识面也很广。熟悉他的同学都觉得他肯定能找到一份不错的工作，可是，在求职过程中他却屡屡碰壁。

在一次又一次面试失败后，他开始明白：想要找到理想的工作，单凭专业能力是不够的，必须要学会表现自己，让面试官看到自己的优势。可是，这对于他来说，真的很难。习惯了沉默寡言，在人群中隐藏，他已经不知道该如何表达。尤其是心中对于面试的那种恐惧，更让他不知所措。

但是看着与他水平相当，甚至不如他的同学陆续找到了理想的工作，他开始觉得不甘心。此时“表达能力”这项不足像一堵墙，将他与缤纷多彩的世界隔绝开来。想找到理想的工作，开始崭新的生活，就必须把这堵墙推翻。

他开始想办法改善自己面试时的表现。不会临场发挥，就提前用心准备，把面试时可能需要问的问题写下来，提前准备答案，找到最合适的措辞去组织语言，一遍一遍对着镜子练习，直到能流利地表达出自己想要表达的意思。

这种准备与练习有了成效，一家杂志社录用了他。这次面试成功让他找到了自信，他开始尝试着在众人面前表达自己的想法，他的能力在工作中得到了展现，所谓的“发言恐惧症”也在不知不觉间消失了。

当需要直面人生所遭遇的种种时，有些人却选择了逃避，软弱、胆小成了他们人生的障碍。很多时候，遭遇落魄的人生，不是自己的命运太差，更不是自己的能力不够，而是缺乏一颗勇敢的心面对世界。

库伯从小生活在密苏里州圣约瑟夫城的一个准贫民窟里。父亲以裁缝为生，挣钱很少。冬天，为了取暖，库伯经常提着一个铁桶，在附近的铁路沿线上拾煤渣。库伯常常为必须这样做而感到窘迫。

因此他常常一个人从后街偷偷进出，以免被放学的孩子们看到。可是，他还是被那些孩子看到了。有一群孩子等在库伯从铁路回家的路上，趁库伯回家时欺负他，取笑他。他们经常把他捡到的煤渣抛撒在街上，使库伯流着眼泪回家。为此，库伯总是生活在恐惧与自卑之中。

后来，库伯读了一本书，这本书就是赫拉修·阿尔杰著的《罗伯特的奋斗》。这本书描写了一位像库伯一样的少年奋斗的故事。那个少年遇到了极大的不幸，但是他用道德与勇气的力量战胜了所有的不幸。库伯深受感动，希望自己也具有这种勇气和力量。

后来，库伯读了所有自己所能借到的赫拉修的书。每当他读书的时候，立刻就会进入主人公的角色。整个冬天他都坐在冰冷的厨房里阅读成功和勇敢的故事，在不知不觉中吸取了勇气和力量。

在库伯读过赫拉修的书几个月后，他又到铁路边去捡煤渣。在不远处，他看到有三个影子在一个房子的后面奔跑。他第一反应就是转身跑掉，但是很快他想起了书中主人公的勇敢精神。于是他把煤桶提手抓得更紧，大步向前走去，好像自己就是书中的那个英雄。

这是一场恶斗。库伯勇敢反抗的样子让三个欺软怕硬的孩子大吃一惊。库伯的一只手猛地打到一个孩子的鼻子上，另一只手猛击到他的肚子上，这个孩子终于停止了打斗，转身逃跑了。只剩下两个孩子了，库伯用力把其中一个孩子推开，并把他打倒在地。最后剩下的是那个领头的孩子，他看到同伴一个逃跑了，一个被打倒，害怕了，一步一步向后退，最后也溜掉了。库伯拾起一块煤向那个孩子扔去，那个孩子跑得更快了。

直到那时库伯才发现他的鼻子一直在流血，他的全身已是青一块紫一块了。库伯并不比以前强壮，而是在他已经不再听凭那些恃强凌弱者的摆布，他克服了自己的恐惧。

一个人真正的失败在很大程度上源于生性怯懦，而非其他。他们或许不知道，胆怯就像一副沉重的枷锁，不仅束缚着他们的行动，还撕扯着他们的自信。

一个人遇上让自己感到恐惧的事情，只要勇于挑战，就会觉得并没有什么，事情也没有像自己想象的那么可怕。当发现自己总是在回避自己害怕做的事时，可以问问自己："如果我真的试着去做，最坏的结果会是怎样？"放心，**最坏的结果，决不会比你想象的更可怕。**

埃里希·弗洛姆是美国一位著名的心理学家。一天，有几个学生向他请教：懦弱对一个人会产生怎样的影响。

弗洛姆微微一笑，什么也没说，而是把他们带到一间黑暗的屋子里。在他的引导下，学生们用很短的时间穿过了这间伸手不见五指的屋子。等学生们都到了房子的另一边之后，弗洛姆打开房间的一盏灯，在这昏黄如腊的灯光下，学生们才看清楚里面的情况。

看清楚之后，学生们禁不住被吓出了一身冷汗。原来，这间屋子的地面是一个很深很大的水池，池子里蠕动着各种各样的毒蛇，有好几只毒蛇正高高地昂着头，朝他们吐着信子。就在这个池子的上方，有一座很窄的木桥，学生们刚才就是从这座桥上走过来的。

弗洛姆问道："现在，你们谁还愿意走过这座桥吗？"大家你看看我，我看看你，没有人说话。过了一会儿，有三个学生犹犹豫豫地举起来了手，表示愿意再试一试。第一个学生一上桥，就小心地挪动着脚步，速度很慢；第二个学生战战兢兢地走上木桥，身子不由自主地颤抖着；第三个学生干脆弯下身子，趴在了桥上，他打算爬过去。

看到这里，弗洛姆打开了屋里的另外几盏灯，明亮的灯光一下子把整个屋子照耀得清晰可见，学生们睁大眼睛仔细一看，才发现在小木桥的下方，有一张安全网。只不过网线的颜色暗淡，所以，一开始他们没有看出来。

弗洛姆大声问这几个学生："你们这回清楚了吧，那么有谁还愿意过一次桥呢？"

学生们你看看我，我看看你，都没有说话。

弗洛姆问道："你们为什么不愿意再过一次桥呢？"

"这张安全网真的结实吗？"这个学生的询问，其实代表了所有学生的心声。

弗洛姆笑着说道："我可以解答你们要弄清楚的问题。其实，这座桥本来不难走，可是桥下的毒蛇让你们感到恐惧，于是，你们就失去了信心，乱了方寸，慌了手脚，表现出各种状态的懦弱。"

如果我们在通往成功的路上，能够忘记背景，忽略险恶，专心致志走好自己脚下的路，也许更容易到达目的地。如果我们敢于做自己害怕的事，害怕就必然消失，也就无需到处找借口了。真正成功的人生，不在于成就的大小，而在于你是否努力地去实现自我，喊出属于自己的声音，走出属于自己的路。

别人的“不可能”，是你的突破口

有一家效益相当好的大公司，决定进一步扩大经营规模，高薪招聘营销主管。广告一打出来，报名者云集。面对众多应聘者，招聘工作的负责人说：“相马不如赛马。”为了能选拔出高素质的营销人员，他们出一道实践性的试题：就是想办法把木梳卖给和尚。绝大多数应聘者感到困惑不解，甚至愤怒：出家人剃度为僧，要木梳有何用？这岂不是神经错乱，故意刁难人吗？过一会儿，应聘者接连拂袖而去，几乎散尽。最后只剩下三个应聘者：张山、王平和李武。负责人对剩下的三个应聘者交待：“以10日为限，届时请各位将销售成果向我汇报。”

10日期到。负责人问张山：“卖出多少？”答：“一把。”“怎么卖的？”张山讲述了历尽的辛苦，以及受到和尚的责骂和追打的委屈。好在下山途中遇到一个小和尚，一边晒太阳一边使劲挠着又脏又厚的头皮。张山灵机一动，赶忙递上了木梳，小和尚用后满心欢喜，于是买下一把。

负责人又问王平：“卖出多少？”答：“10把。”“怎么卖的？”王平说他去了一座名山古寺。由于山高风大，进香者的头发都被吹乱了。王平找到了寺院的住持说："蓬后垢面是对佛的不敬。应在每座庙的香案前放把木梳，供善男信女梳理鬓发。"住持采纳了王平的建议。那山共有10座庙，于是买下10把木梳。

负责人又问李武："卖出多少？"答："1000把。"负责人惊问："怎么卖出的？"李武说，他到一个颇具盛名、香火极旺的深山宝刹，朝圣者如云，施主络绎不绝。李武对住持说："凡来进香朝拜者，多有一颗虔诚的心，宝刹应有所回赠，以做纪念，保佑其平安吉祥，鼓励其多做善事。我有一批木梳，你的书法超群，可先刻'积善梳'三个字，然后便可做赠品。"住持大喜，立即买下1000把木梳，并请李武小住几天，共同出席了首次赠送"积善梳"的仪式。得到"积善梳"的施主和香客很是高兴，一传十，十传百，朝圣者更多，香火也更旺。这还不算，住持希望李武再多提供一些不同档次的木梳，以便分层次地赠给各种类型的施主和香客。

把木梳卖给和尚，大多数人听了都会觉得这件事太荒谬了。因为我们每个人都知道，和尚是用不着木梳的。注意！这就是我们的惯性思维，我们遇到问题时，总根据自己已有的知识，按照一种固定的思路去考虑问题，结果我们就只注意到了"和尚用不着木梳"这个常识，而忽略了木梳除了实用价值，以及还可以拥有其他的附加价值。而李武却想到了，他把木梳作为一种礼品卖了出去。不是这个办法太高深莫测，一般人想不到，而是因为在现实生活中，人们已经根深蒂固地形成了一种观念：木梳是梳理头发的工具，除此之外别无他途。

观念给我们在思考问题时带来倾向性，解决一般问题的时候可以起到“驾轻就熟”的积极作用。但是很多时候它是一种障碍，一种束缚。所以，如果我们想让自己更成功，就要摆脱固定的思维模式，不断提出解决问题的新观念，你会发现一切皆有可能。

1994年底，马云首次听说互联网；1995年初，他偶然去美国，首次接触到互联网。对电脑一窍不通的马云，在朋友的帮助和介绍下开始认识互联网。敏感的马云意识到：互联网必将改变世界！随即，不安分的他萌生了一个想法：要做一个网站，把国内的企业资料收集起来放到网上向全世界发布。

此时，刚刚步入而立之年的马云已经是杭州十大杰出青年教师，校长还许诺他外办主任的位置。但是，特立独行的马云挥挥手，放弃了在学校的一切地位、身份和待遇，毅然下海。

此时，互联网对于绝大部分中国人还是非常陌生的东西；即使在全球范围内，互联网也才刚刚开始发展，无疑，这是一个全新的领域。大洋彼岸，尼葛洛庞帝刚刚写就《数字化生存》，杨致远创建雅虎还不到一年；而在北京，中国科学院教授钱华林刚刚用一根光纤接通美国互联网，收发了第一封电子邮件。

“我请了24个朋友来我家商量。我整整讲了两个小时，他们听得糊里糊涂，我也讲得糊里糊涂。最后说到底怎么样？其中23个人说算了吧，只有一个人说你可以试试看，不行赶紧逃回来。我想了一个晚上，第二天早上决定还是干，哪怕24个人全反对我也要干。”马云选择了尝试新的领域，他的成功有目共睹。

对勇敢者，尝试是一种生活道路。但凡成功者，都曾有很多次尝试的经验。去尝试吧，未知的领域中其实存在着更多的机会，而生活中还有那么多未知的领域，机遇就在其中，只需鼓起勇气。

在一次体育课上，体育老师正在考核一群小学生，看有谁能跃过1.15米的横杆。前面所有学生都没有成功，轮到一名11岁的小男孩时，他犹豫了，一直在想如何能跳过1.15米。但时间不允许了，老师再一次催促，让他抓紧时间。

情急之中，他跑向横杆，在到达横杆前那一刹那，他突然倒转过身体，面对老师背对横杆，腾空一跃，竟鬼使神差般地跳过了1.15米的高度。他狼狈地跌落在沙坑中，垂头丧气地等待批评，旁观的同学也都在嘲笑他。

体育老师若有所思，微笑着扶他起来，没有批评他，反而表扬他有创新的精神，鼓励他继续尝试他的“背越式”跳高，并帮助他进一步完善其中的一些技术问题。这位小学生不负众望，后来，他在1968年墨西哥奥运会上，采用“背越式”的特殊跳法，征服了2.24米的高度，成了赫赫有名的体坛超级明星。他就是美国著名跳高运动员理查德·福斯伯。

现在是一个竞争激烈的年代，要想取得成功，就必须突破固有的规则，展现全新的自我。所以我们要记住，能够成就大事业的，永远是那些信任自己见解的人；是敢于想人所不敢想，为人所不敢为，不怕孤立的人；是那些勇于向规则挑战的人。

吉利集团总裁李书福，人称“汽车狂人”仅以十亿元人民币，就敢进来玩汽车，以一己之力挑战国家行业准入制度，造摩托车、轿车，办浙江经济管理学院、吉利大学。

然而在李书福开始投身汽车行业初期，业内绝大多数的人都认为这是一个非常荒谬的想法、不可能实现的行为。因为，在当时、甚至现在都有许多人这样想：我们第一没有自主品牌，第二没有自主创新能力，第三没有核心技术，自主造汽车简直是天方夜谭。

因此，李书福要承担的不仅仅是造车技术问题上的压力，还有的就是大众舆论以及当时政府部门的不理解诸多方面的压力。

李书福面对这一切的压力，曾经说过："我拒绝承认现实存在着不可能实现的东西。我还没看到任何人敢绝对说什么是可能的，什么是不可能的，哪怕他对这世上的事悉数皆知。如果那些自称是权威的人说'这不能做，那也不能做'，那么肯定会有一批追随者不假思索地附和：'是的，绝对不能做！'就我而言，一切皆可能。"

正如，李书福所说，在面对种种压力的时候，李书福没有败下阵来，相反，他却创造了汽车史上一个又一个的奇迹。

他不但是第一个闯入汽车业的民营企业家，而且还生产出中国第一辆自主知识产权的跑车，第一台自主研发的发动机，第一台自主研发的自动变速箱。现在的吉利汽车拥有经济型轿车豪情、美日；中级轿车华普、自由舰；美人豹都市跑车系列等品牌。

国人自造汽车的确困难，然而李书福却看清了形势，以一种不服输的坚定信念，将这种不可能的事情变成了可能，并且发挥得很好。这不能说不是一种突破自我束缚，勇于创新的胜利。这也是吉利集团发展壮大的法宝。

人们经常被关在思维定势的笼子里，很多事不敢去尝试，想当然地认为它是不可能完成的任务，跳不出思维的笼子。其实，要做成一件事，靠的是灵感，而不是固定的模式和准则，一颗敏感的心和过人的洞察力无疑是非常重要的。其实很多时候，把握机会仅仅需要的是一点打破常规的想法和勇气，成功的机会，就藏在别人眼中的“不可能”之中。

能限制你的，只有你自己

王蕾曾经做过一份工作，为一家公司推销产品。刚开始的时候，每当遇到有些客户拼命要压低价格时，她就很怕生意成交不了，只得同意对方的条件。

有一次，老板派她去和客户谈合同。当看到她拿回来的协商结果时，老板沉思片刻，缓缓说道："其实，在和对方谈生意之前，你早已害怕了，你害怕客户不接受我们的产品，害怕客户嫌我们要的价太高——而这种害怕，不过是你在想象中给自己设下的篱笆。其实，顾客是愿意接受我们的产品的，也愿意接受我们的合理价格。问题是，你必须先走出自己的篱笆影子，决不要因自己推销的是小公司的产品而自卑。"

于是，王蕾开始学着在客户面前坚持自己的立场，虽然她仍然没有太大的把握。当下一个顾客再一次压价格时，她挺起胸膛，堂堂正正、不卑不亢地说："我们厂是小厂，炎炎夏日，工人们要在炙热的铁板上加工产品，汗流浃背，好不容易制出产品，依照正常的利润计算方法，应当是××元。现在你开的价格让我们感到切肤之痛。务请用××元承购。"正是这种坚定的自信，使客户接受了王蕾的产品和价格。

分析许多人失败的原因，不是因为上天不公，也不是因为能力不济，而是因为自我心理障碍太多，自己把自己给绊倒了。

有的人因自卑感严重，时常在人面前感到紧张、尴尬，一味地顺从他人，事情不成功总觉得自己笨，自我责备、自怨自艾。

有的人缺乏自信心，怀疑自己的能力，内心中的自我是一个可怜的、脆弱的、需要别人帮助的弱小形象。

有的人缺乏安全感，疑心太重，总觉得别人在背后指责和议论自己，对他人的各种行为充满了警戒心理，容易产生嫉妒。

有的人缺乏胜任感，不相信自己也能创造、发明，工作中缺乏担重任的气魄，甘心当配角；生活中常常被别人的意见所左右，无论职业角色还是家庭角色都显得难以胜任。

凡此种种，他们真正的敌人正是他们自己，是他们给自己的工作和前程设制了重重障碍！

微软的一位主管和微软总裁比尔·盖茨在主持面试的时候，同时有三个应征者脱颖而出。最后，主管问他们："进入微软以后，你们有什么打算？"

第一个人说："能进入这么伟大的企业工作是我的荣幸，我将尽全力做好自己的本职工作，争取把分内的一切事情做到最好。"主管赞许地点了点头。

第二个人说："不瞒您说，我感觉自己的压力很大，微软是一个优秀人才聚集的地方，如果我能有幸进入的话，我希望适应的这一段时期内不要犯什么错就好。"

第三个人则说："每个人都希望有发挥自己才能的舞台，而微软正是一个发挥能力的好舞台，我希望能把任何一份工作都当成一个学习和积累的机会，最终成就一番大事业！”

比尔·盖茨笑着问：“那么，您所指的事业，是指什么呢？”

那位应试者说：“和您一样，先生。”前两位面试者当中有一位是第三位面试者的朋友，他拼命地给第三个面试者使眼色。

没想到，比尔·盖茨说：“好，心有多大，舞台就有多大。既然你有雄心，我愿意为你提供这个表现自己的大舞台。”

会后，面试官不解地问比尔·盖茨：“那个人要么是个空想家，要么是个狂妄自大的家伙。即使他真的有才能，从他说的话来看，他将来即使是成功了，也不会再留在公司，为公司所用，为什么还要录取他呢？”

比尔·盖茨说：“一个人能否取得成就，与他的志向有着直接的关系。一个没有大志向的人，即使再有才能，也不可能取得大的成绩，因为他的人生目标早已被他的鼠目寸光给羁绊住了。也许像你担心的那样，他将来有所成就的时候可能会离开微软，可是他为公司创造的利润将会比任何普通员工都大。这对我们而言，并没有失去什么。”

果然不出比尔·盖茨所料，微软在录取了这三个人之后，前两个人工作都兢兢业业，成为合格的员工；而最后一个人则工作出色，很快就进入了公司的管理层，为微软的发展做出了很大贡献。后来，他离开微软并成为一家著名企业的主管。

人生就好像爬山，最重要的是先给自己定一个高度，如果你只把自己的人生目标定在半山腰，那么你就绝对不可能爬上荣誉的顶峰。

无论在哪个时代，我们都不能因为自己现在是一个小人物平常人，就看不起自己，**伟大与渺小完全取决于自己，你能做出伟大于**

时代的事迹，不管别人的态度如何，你就是一个了不起的人。

福勒出生在美国路易斯安那州一个贫困的黑人家庭，他从5岁时开始参加劳动。福勒的大多数伙伴都是佃农的孩子。这些家庭认为贫穷是命运的安排，因此，他们并不努力改善自己的生活。

小福勒与其他的孩子有一点不同：他有一位不平凡的母亲。福勒的母亲不肯接受这种贫穷的生活，时常对自己的儿子说："福勒，我们不应该贫穷。我不愿意听到你说：我们的贫穷是上帝的意愿。我们的贫穷不是上帝的缘故，而是因为你的父亲从来就没有产生过致富的愿望。"

"贫穷是因为没有人产生过致富的愿望"，这个观念在福勒的心灵深处刻下了深深的烙印，最后改变了他的一生。福勒决定把经商作为生财的一条捷径，最后选定经营肥皂。于是，他挨家挨户地推销自己的肥皂长达12年之久。

当有人与福勒一起探讨获得财富的成功之道时，他就用他母亲多年以前说的那句话来回答："我们是贫穷的，但不是因为上帝，而是我们从来没有想到改变。"

很多人之所以处于贫穷的漩涡中走不出来，常常不是因为外界给予他们的打击，而是因为他们自己选择了安于现状，失去了前进的动力。选择安于现状，美好的未来就会沉入海底；选择打破现状，就会拥有美好的前景。

美国沙玉·罗拜克公司的负责人曾经说过这样一句话："不管是在哪家企业都有一种现象：有些人总是受人敬重，有些人就是被人看不起。当你被人看不起时，先别忙着怨天尤人，请先想想：是不是自己预先设下的篱笆困住了自己？如果是，那么，解铃还须系铃人，你自己设下的篱笆自然只有你自己才能拆得掉。”

人的优秀与平庸不取决于外界因素，而只取决于自己想成为一个什么样的人，如果想成为一个有用的人，并身体力行，那么他这一生就会有所成就。相反，如果自己就把自己定位在底层，那么他也就只能做个平庸之辈了。你将成为什么样的人，一切全在你自己一念之间。所以，有想法，就去做！只要心中有一个广阔的天地，就没有什么能挡住你的脚步！

细节之中有宝藏

19世纪德国医学家罗伯特·科赫，在进行医学实践中深刻意识到：必须对病原细菌进行全面深入的研究，才能设法消灭病原细菌，防止人体受到感染。

但是，由于细菌体积极小，又透明无色，在当时条件下，即使使用最精密的显微镜也很难观察和分辨各种细菌的形状和特征，为彻底消灭它带来的重重困难，他陷入苦苦思索之中。

突然有一天阴云密布，天黑得像锅底，紧接着电闪雷鸣，一场大雨片刻即至。望着窗外雨中的闪电，罗伯特·科赫意识到闪电之所以那么明亮耀眼，那是因为有漆黑如墨的天空为底色的反衬。那么，把无色透明的细菌放在一种深色颜料中，不就能观察得清楚了吗？

他先后用了几十种染料做实验，结果都不理想，尤其是染色液很难在玻璃片上凝固。

他向一位化学剂师请教，这位化学剂师告诉他，有一种叫苯胺的蓝色染料很容易在玻璃上凝固。经过实验，他终于获得了成功。

细菌染色法的发明，使人们揭开了细菌的种种神秘面纱，从此对细菌病原体的研究跨进了一个新时代。罗伯特·科赫由闪电在阴云密布的天空中显得格外明亮耀眼这一细节，创造出了将无色透明细菌放在深色的染料中使其“现身”的创新方法。

就像风平浪静掩饰不住海底汹涌的暗流一样，在平淡的生活中，到处都蕴藏着无限的商机，富人们知道，平淡并不是一部无聊的肥皂剧，相反，它是一幕传奇的开始，只要你用心就会揭开它神秘的面纱。机遇就像郁积已久的火山，需要苦心孤诣作为压力才能喷薄而出。

一个有敏感之心的人，能够从日常生活中发现不奇之奇。细致的观察能使人的眼睛变得敏锐起来。就像看放大镜一样，任何一个细微的变化都能尽收眼底。小细节、小机会中藏着机遇，很多时候留心小事物就能抓住打开成功之门的钥匙。

西村金助是一个制造沙漏的小厂商。沙漏是一种古董玩具，它在时钟未发明前是用来测算每日的时辰的，时钟问世后，沙漏已完成它的历史使命，而西村金助却把它作为一种古董来生产销售。

沙漏作为玩具，趣味性不多，孩子们自然不大喜欢它，因此销量很小。但西村金助找不到其他更适合的工作，只能继续干他的老本行。沙漏的需求越来越少，西村金助最后只得停产。

一天，西村翻看一本讲赛马的书，书上说：“马匹在现代社会里失去了它运输的功能，但是又以高娱乐价值的面目出现。”在这不引人注目的两行字里，西村好像听到了上帝的声音，高兴地跳了起来。他想：“赛马骑手用的马匹比运货的马匹值钱。是啊！我应该找出沙漏的新用途！”

就这样，从书中偶得的灵感，使西村金助的精神重新振奋起来，把心思又全都放到他的沙漏上。经过苦苦的思索，一个构思浮现在西村的脑海：做个限时3分钟的沙漏，在3分钟内，沙漏上的沙就会完全落到下面来，把它装在电话机旁，这样打长途电话时就不会超过3分钟，电话费就可以有效地控制了。

于是西村金助就开始动手制作。这个东西设计上非常简单，把沙漏的两端各嵌上一个精致的小木板，再接上一条铜链，然后用螺丝钉钉在电话机旁就行了。不打电话时还可以作装饰品，看它点点滴滴落下来，虽是微不足道的小玩意，也能调剂一下现代人紧张的生活。

担心电话费支出过多的人很多，西村金助的新沙漏可以有效地控制通话时间，售价又非常便宜，因此一上市，销路就很不错，平均每个月能售出3万多个。这项创新使沙漏转瞬间成为对生活有益的用品，销量成千倍地增加，濒临倒闭的小作坊很快变成一个大企业。西村金助也从一个小企业主摇身一变，成了腰缠亿贯的富豪。

西村金助成功了，而且是轻轻松松，没费多大力气。可是如果他不是一个有心人，即便看了那本赛马的书，也逃不脱破产的厄运，还很可能成为身无分文的穷光蛋。它给人们一个启示：成功会偏爱那些留心小事物的有心人。

风起于青萍之末，细节决定成败！把小事认真地做好，下次便有人把大事托付给你。一些思想贫瘠的缺少知识的和慵懒怠惰的人，往往只注重事物的辉煌现象，总是从很大很高的事物上去评价一个人或一件事，而忽略了那些不引人注目的小事。可是，一个连小事都做不好的人，又怎么能做好大事？引申一步说，一个不重视小事的人，也很难做成大事，因为大事是由很多的小事组成的。只有在小事上善于观察，才可以完全表现出你的洞若观火的才能来。

在许多人不屑一顾的小事情中往往隐藏着成功的因素，这全靠你能否多一个心眼去发掘。本来，上帝其实很公平，他已经给了我们每一个人一双鹰一般锐利的能透悉一切的眼睛，只是很多人太不懂应用而将它束之高阁而已。

一次，海立门偶然发现，铁轨上的每个螺丝钉都有一截露在外面，便问同事。同事回答："因为螺丝钉就这么长。"

"可为什么非要这样长呢？白白露了一截在外面。"

"这些螺丝钉一向都是这样制造的。"

海立门沉默了一会儿，再问："1英里铁轨要用多少个螺丝钉？"

"约3000个。"

海立门吃惊地说："太平洋铁路公司和南太平洋铁路公司共有路轨1.8万英里，所需螺丝钉约5000万个。就算每个多用铁50克，岂非浪费了2500吨铁？"

后来，海立门改造了螺丝钉，果然节省了不少费用。

一件偶然的小事，有人却能从中得出一个千古不变的定律。可见任何事物之间都有着必然的联系，有时是一件小事连接着一个深奥的大事，也有时是一件大事连接着千万个小事，虽然有时它们在表面上看似毫无瓜葛，但在本质上却有着千丝万缕的渊源。

如果一个人的观察力低，那么他的记忆对象往往模糊而不确切、不突出，回忆过去感知过的事物时就常常模棱两可，记忆效果差。于是，在运用已有知识和经验进行分析和判断时就不能做到快速而准确，显得理不直、气不壮，综合分析和思维判断能力差，洞察力发展受影响，接下来，在以后的观察中，有效性、目的性、条理性差，观察效果不好，进一步影响思维的发展，形成不良循环。

再次，从生理和心理的角度来看，一个人如果生活在单调枯燥、缺乏刺激的环境中，观察机会少，这就会使脑细胞比较多地处于抑制状态，大脑皮层发育较缓慢，洞察力显得相对落后。相反，如果一个人经常生活在丰富多彩、充满刺激的环境中，坚持经常到户外、野外去观察各种事物和现象，大脑皮层接受丰富刺激，经常处于兴奋活动状态，其大脑的发育就相对较好，洞察力也较发达。

因此，如果要想拥有超群的洞察力，你就应该勇敢地拓宽视野，敢于观察，善于观察，为自己的洞察力发展开启一扇明亮的“窗户”，为自己的大脑赋予一双聪慧的“眼睛”！

第三辑

奋斗的意义就藏在奋斗的过程中

行动是成功的基石

李菲身材修长，相貌清秀，她最大的梦想是能成为一名模特，在T形台上闯出属于自己的天地。然而不知为什么她竟然接连两次落选，这使她受到了很大打击。于是，她也不去找工作，只窝在家里看那些超级名模的走秀录像带。渐渐地，她开始陷入只属于她自己的世界里：看着屏幕上窈窕的身影，她想象着自己就是她们中的一个，穿着华丽的衣服，在各大都市中穿梭，迎接她的是鲜花和人们爱慕的眼神……一段时间，在上海工作的哥哥，帮她找到了一个做平面模特的工作，大家都以为她会很高兴，但她却冷淡地拒绝了，她认为自己一定会成为一个超级名模。就这样，她还是每天窝在家中，编织着美丽的梦——一场注定无法实现的美梦。

如果这个故事中的女孩，不是养成了做白日梦的习惯的话，那么凭借自身条件从平面模特做起也是大有可为的。弗洛依德认为，“白日梦是因为在现实生活中，人的某种欲望得不到满足，所以才在一系列虚无的幻想中寻找心理平衡。”做白日梦的习惯会给人们带来相当大的危害，所以你必须及早苦干，不要被它毁了一生。

有一名18岁的高中学生，她在高中的时候去看了一部电影，那部电影描述的是法国巴黎铁塔。她对这部电影印象深刻，就给自己许下了一个愿望，等她毕业的时候一定要去巴黎参观铁塔。结果高中毕业就是忙着考学，没有时间去实现这个理想。当大学毕业以后，她就急于想找一份安定的工作。

当她找到工作以后，她又说等她工作稳定的时候一定要去巴黎。而在她工作稳定的时候她又开始恋爱了。谈了恋爱她又跟自己说，等她结婚后一定要去一趟巴黎。结果结婚以后就是家里的柴米油酱醋茶，接着她怀孕了。她又想等她生了小孩再去巴黎玩。但是生了小孩后，她目标也转移了，开始忙着照顾先生，处理家里的事情，照顾小孩。就这样一直拖了下去。当时她又给自己说，等孩子长大了，她一定要去巴黎玩……

这个梦从高中到大学时代到她工作到她结婚，到她生了孩子，一直到孩子也长大了。后来，她的孩子结婚了，也生了小孩。有一天，这名女人发现自己已经老态龙钟了，她说了一句话："我这一辈子最渴望的就是有一天去巴黎玩。"而这个时候她已经躺在病床上了。

这个故事给我们的启发就是：不要做思想上的巨人，行动上的侏儒。不要光说不做，到头来一事无成。"思想上的巨人，行动上的侏儒"这话意在强调知与行的统一，要求人不仅要追求真理、揭示真理，而且要运用真理、实践真理。

北京工商大学计算机系大专应届毕业的小张，被腾讯公司录取了，年薪7万元。而他的同班同学现在大多都在忙着找工作，当同学知道他被腾讯录取的时候，都十分惊讶。当老师让他上台介绍经验的时候，他就说："我只是比别人看的远一点，行动早一点。一个想法不如一个行动，我想这样，我想那样，不如我做好这些，做好那些实际的事情来。"当同学在大三的时候，去玩游戏、去逛街，小张就选择给自己充电，学习，提升自己的专业技能。

一百个想法不如一个行动。成功人物基本上没有什么所谓的捷径，关键的一点就是行动！行动！行动！当别人还在想、想、想，还在论证、论证、论证的时候，成功者已经开始行动了。领导，不能只知道坐在办公室听汇报，必须走到第一线去，甚至亲自去尝试第一线的工作，这样你才会发现实际情况。

一个美国人一直想到中国旅游，于是定了一个旅行计划。他花了几个月阅读搜集有关中国的资料：中国的艺术、历史、哲学、文化。他研究了中国各省地图，订了飞机票，并制定了一个详细的日程表。他标出要去观光的每一个地点，每个小时去哪里都定好了。朋友知道他翘首以待这次旅游。在他预定回国的日子之后几天，这个朋友到他家做客，问他："中国怎么样？"这人答道："我猜想中国是不错的，可我没去。"他的朋友大惑不解："什么！你花了那么多时间做准备，却没有去，出什么事啦？"他回答道："我喜欢制定旅行计划，但我不愿去飞机场，所以待在家没去。"

看完这个故事，你是不是觉得想得再好没有去做又有什么用呢？不管你的梦想多么美妙，计划多么周详，如果你不采取任何行动，梦想只能是空想。

"千里之行，始于足下。"实现目标的唯一途径就是行动。如果你不采取任何行动，即使成功的果实就在你眼前，你也采不到。英国前首相本杰明·狄斯累利曾指出，"虽然行动不一定能带来令人满意的结果，但不采取行动是绝无满意的结果而言。"没错：做了，你就有可能成功；不做，你永远不可能成功。

爱迪生在75岁的时候，他还没有退休，而且每天还是和年轻的时候一样，准时到实验室里签到上班。为此有个记者问他："你打算什么时候退休？"爱迪生故意装出一副十分为难的样子说："糟糕，这个问题我活到现在还没来得及考虑呢！"他活了84岁，一生的发明有1100多项，对自己成功的原因，他曾这么说："有些人以为我所以在许多事情上有成就是因为我是什么'天才'，这是不正确的。无论哪个头脑清楚的人，如果他肯努力行动，都能像我一样有成就。"爱迪生的名言是："天才是百分之一的灵感，加上百分之九十九的汗水。"

汗水就是行动，行动就是努力。无论是在哪个领域，如果不努力去行动，那么终将还是不可能会获得成功。就连凶猛的老虎要想捕捉一只弱小的兔子，还需要老虎全力以赴地去行动，如果不行动、不努力，要想捕获美食是不可能的事情。

巴布罗·卡沙斯是世界著名的大提琴手，但是他在取得举世公认的艺术家头衔之后，并没有为此而不再去练习，不再去努力，他还是和以前一样，依然每天坚持练琴6小时，养成了"行动再行动"的良好习惯。有人问他为什么仍然还要练琴，他的回答很简单："我觉得我仍能够进步。"

一个成功者想继续成功就要这么去做，因为世上的事物没有绝对的成功，只有不断地努力，才能有不断的进步。而成功则是没有终点的，就像是我们旅程中所走过的一个个过程一样，必须一站一站往前走，一旦停在原地，不再去努力，不再全力付诸行动，成功的列车就会把你甩得远远的。

几年前，有个很有才气的教授想写一本传记，专门研究几十年前一个让人议论纷纷的人物轶事。这个选题既有趣又少见，真的很吸引人。这位教授知道的很多，他的文笔又很生动，这个计划注定会替他赢得很大的成就、名誉与财富。一年过后有人无意中提到那本书是不是快要大功告成了，谁知道，老天爷，他根本就没有写！他犹豫了一会儿，好像正在考虑怎么解释才好，最后终于说是因为太忙了，还有许多重要的任务要完成，因此自然就没有时间写了。

有的人也知道为目标去行动，可是怀有“等”“靠”的心理，有拖拉的习惯，总是不着急、不着慌，悠哉悠哉，今天完不成，还有明天、后天。其实这种做法，只能把工作越堆越多，导致明天的任务也完不成。久而久之，整个计划都会泡汤。

当你下决心做事时，一定要立即行动，上天不会因为你美好的想象而送你一张馅饼。

踏实肯干的人总是早早行动。如果你想成就一番伟业，在确立你远大的目标之后，就要静下心来，认认真真、脚踏实地地做你该做的事情。在通往成功的路上，你不要梦想一步登天，如果基础不扎实，那么，你的奋斗目标则无异于空中楼阁。所以，真正聪明的人，就是一步一个脚印地走着，用自己的行动构筑成功的基石。

少走弯路，就是捷径

阿文和阿牛两个少年决定拜师学神通。阿文见识了一位穿着破烂的和尚把死掉的鸽子复活，虽然不知道他的身份，但也明白了他是得道高僧。所以，他决定拜那个和尚为师。阿牛虽然也一起见识了死鸽子复活的场景，但他觉得那个和尚破衣烂衫、疯疯癫癫，不像样子，从心底瞧不起他。

阿牛遇到一位高人，据说会腾挪之术，学会了这门手艺，想要什么就有什么。那位师傅收下阿牛，跟他承诺七七四十九天可以学成手艺。可过了没多久，那位师傅就把阿牛留在山里的强盗那里抵债。原来，那个所谓高人只不过是个江湖骗子。当阿牛从强盗那里侥幸逃脱，回到他所谓的师傅那里的时候，正好看到他师傅的把戏穿帮。

离开了那个江湖骗子，阿牛仍然不死心，不顾家里病倒的母亲，到处去找神通广大的高人学法术。他饥寒交迫，晕倒在路边，被一位大夫收留在医馆。阿牛在医馆中醒来，正看到一位富贵的病人家属来给大夫送谢礼，他当即决定，要拜这位大夫为师。善良的大夫见他可怜，开始教他读书，打算等他把基础打好，再传授他医术。可是，阿牛受不了读书的苦，书读到一半就溜到街上去，正碰上街上有人在卖包治百病的神药。他又一次心动，跟着那人走了。没想到碰到坏人，险些丢掉性命，多亏有之前遇到的疯和尚解救才得以脱险。

反过来再说阿文。那天他和阿牛说要拜师之后，回家就征得父母同意，去庙里找到之前的那个让鸽子复活的疯和尚。原来，那个和尚就是活佛济公。阿文在济公的点化下，苦心研习佛法，经过了重重考验，终于悟得大道。学成之后，他在济公的劝导下离开寺院，后来上京赶考，考取了状元。

这虽然只是个故事，但其中的道理却值得我们深思。所谓的“神通”，其实指的不过是做人的道理，以及对世事的体悟。人生的路没有投机取巧，只有身体力行，用心去体悟，才能找到方向。不愿意付出辛苦，只想走捷径，很容易就会走上旁门左道。

那么，所谓的捷径是不是真的存在呢？不劳而获、一步登天，只能是一种妄想。如果真的有捷径的话，那也只能是做好该做的事，少走些弯路。就像济公从坏人手里救出阿牛之后点化他的：“第一条孝敬父母，第二条好好读书，然后神通自会来的。”

一个人如果把心思过多地用在小聪明上，他必定没有精力去开发和培植他的大智慧。**聪明和智慧是两个不同的概念，智慧有益无害，聪明益害参半，把握不好的小聪明则贻害无穷。**

吴杰是某省驻京办的部门主任。有一次，得到一个情报：机关高层决定安排他们部门的人员到外地去处理一项难缠的业务事件。吴杰早就听说这项事务非常棘手，很多人避之唯恐不及。所以，他当机立断提前一天告假。

第二天，上面果然安排下来，恰好他不在，便直接把任务交待给他的助手，让他的助手转达。

当他的助手打他的手机，向他汇报这件事情时，他便在电话中给他的助手安排了工作，说自己有病，让助手顶替自己带一帮人去处理这项事务。处理这项事务的具体操作办法，他在电话中也教给了这位助手。

半个月后，事情办砸了，吴杰怕办事处高层追究自己的责任，便以自己告假为由，言称自己不知道这件事情的具体情况，一切都是助手自作主张，带领一帮人去处理的。

按他的想法，助手既然是领导安排到自己身边的人，出了事，让助手顶着，在领导面前还有一个回旋的余地；假若自己承担这件事的责任，恐怕要被降职罚薪。

高层领导进行了一番深入调查，听了吴杰助手的具体阐述后，对吴杰的人品和责任心产生了怀疑，害怕他把这种手段当成惯伎，影响整个组织的团结和工作效率，所以再也没有给过他任何富有挑战性的工作。一年后又借故降了他的职。

拥有太多小聪明的人，往往都用于追逐眼皮子底下的急功近利，看不到长远的根本利益。相反地，具有大智慧者很少会在众人面前炫耀自己的聪明才智，他们更不会自作聪明地干一些实际上愚蠢至极的事情。真正的聪明者不需要通过投机取巧来加以表现，自作聪明者常常反被自以为是的小聪明所累。

我们的成功需要智慧，更需要脚踏实地的付出。人要站得牢才会走得稳，投机取巧走捷径或许在一时能得到好处，但是因为没有厚实的基础，脚步太过于轻快，导致的结果只会是在长途跋涉中落后于别人。作为一个渴望获得成功的人来说，我们的眼光永远看向前方，但是前进的道路却在我们脚下，只有实实在在地走好每一步，才能走得更远。

大洋两岸的美国和日本，有两个年轻人都在努力奋斗着。美国人整天躲在租住的地下室里，把数百万计的股票K线一根根画到纸上，然后贴到墙上，眼睛眨也不眨地盯着这些K线。他一边看，一边静静地思索着。后来，他干脆跑到美国证券市场，把证券市场有史以来的所有记录都抱了回去。在狭小的地下室里，他废寝忘食地研究这些杂乱无章的数据，努力寻找着一些规律性的东西。由于整天研究这些东西，他的生活非常拮据，很多时候只能靠朋友接济来勉强度日。

在大洋彼岸，那个日本人每月都把自己收入的三分之一雷打不动地存入银行，虽然很多时候他也会拮据，但他依然咬牙坚持，照存不误。有时实在坚持不下去了，他宁可借钱也不去动银行里的存款。

两个年轻人在各自的世界里坚持了6年这样的生活。6年里，那个美国人集中研究了美国证券市场的走势与古老数学、几何学、星象学的关系，那个日本人则靠顽强的毅力积攒下了5万美元。

就在这个时候，那个美国人发现了有关证券市场发展趋势的重要预测方法，从而靠着自己发现的“控制时间因素”理论成了一个白手起家的神话人物。他就是“波浪理论”的创始人威廉·江恩。与此同时，那个日本人靠着自己在艰苦岁月里仍坚持积累财富的经历打动了一位赫赫有名的银行家，从而获得了100万美元的贷款创立了自己的公司。他就是麦当劳在日本第一家分公司的老板藤田田。

看完这则故事，或许有不少人会认为，我要拿这个故事来证明美国人比日本人更聪明、更成功。其实不然，我只是想告诉大家成功没有定式，也无所谓什么方法和途径，更不在于什么幸与不幸，而在于不断努力，在于一点一滴的积累。

“千里之行，始于足下”，要想未来成就大事就必须要从当下小事做起，眼高手低是定位的大忌，只有脚踏实地才能把梦想化为现实。在这个世界上不可能存在轻而易举的成功，成功向来都只宠爱那些为之付出过艰辛的人，珍惜每时每刻，踏踏实实去努力，才是唯一的捷径。

慢慢来，小事之中蕴藏着大价值

郭得如毕业于某大学外语系，她一心想进入大型的外资企业，最后却不得不到一家成立不到半年的小公司“栖身”。心高气傲的郭得如根本没把这家小公司放在眼里，她想利用试用期“骑马找马”。

在郭得如看来，这里的一切都不顺眼——不修边幅的老板，不完善的管理制度，土里土气的同事……自己梦想中的工作完全不是这么回事啊。“怎么回事？”“什么破公司？”“整理文档？这样的小事怎么让我这个外语系的高才生做呢？”“这么简单的文件必须得我翻译吗？”“就一篇小报告而已，为什么自己不写要我帮忙呢？”“噢，我受不了了！”

就这样，郭得如天天抱怨老板和同事，双眉不展、牢骚不停，而实际的工作却常常是能拖则拖，能躲就躲，因为这些“芝麻绿豆的小事”根本就不在她思考的范围之内，她梦想中的工作应该是一言定千金的那种。

啊，梦想为什么那么远呢？

试用期很快过去了，老板认真地对她说：“我们认为，你确实是个人才，但你似乎并不喜欢在我们这种小公司里工作，因此对手边的工作敷衍了事。既然如此，我们也没有理由挽留你。对不起，请另谋高就吧！”

被辞退的郭得如这才清醒过来，当初自己应聘到这家公司也是费了不少力气的，而且，就眼前的就业形势，再找一份像这样的工作也很困难。初次工作就以“翻船”而告终，这让郭得如万分失望与后悔，可一切都已晚矣！

有些人则不同，他们也有很高的梦想，但他们不会每天都深陷于幻想中难以自拔，他们从现在的工作开始做起，从一点一滴的小事做起，并这样毫不松懈地坚持下去。他们知道除非是他们努力把事情做成，否则什么也不会发生。就这样，他们一步步地默默努力着。终于有一天，他们晋升为公司的骨干，所有人都不禁大吃一惊，但仔细回想，这一切其实纯属正常，毕竟天助自助者。梦想对于他们，已经变成了活生生的现实。

李妍大学一毕业就去了南方，然后顺利地在一家跨国公司找到了一个职位。上班的第一天，李妍就发誓要让自己成为公司里的不可或缺者之一。

李妍负责的工作是档案管理。虽然这是一份默默无闻，看起来毫不起眼的岗位，但李妍丝毫没有看轻自己的职责。资源管理专业出身的她很快就发现了公司在这方面存在的弊端。她开始连夜加班，大量查阅资料，运用所学的理论知识写出一份系统的解决方案，并将公司内部工作运行流程、市场营销方式以及后勤事务的规范，也整理出一套完整的方案，然后一并发到行政经理的电子信箱中。没过几天，行政经理就请她到公司的餐厅喝咖啡，离开时语重心长地拍了拍她的肩头：“公司对勤奋的人，向来是给予足够的空间施展才华的，好好努力！”

李妍更加勤奋地努力工作。公司想竞标一个大商厦周围的霓虹灯方案，同事们整天翻案例找朋友，忙得焦头烂额。李妍白天做自己分内的工作，晚上却通宵不眠熬红了眼做方案文书。竞标前一天交方案时，李妍去得最晚，行政经理不解：“你们部门已经交来了。”李妍充满信心地看着他说：“这是不一样的！”竞标的当天，各种方案一下子被否决掉好几份，公司高层开始紧张，决定试试李妍的方案。这一试让李妍为公司立下了汗马功劳。

第二天，消息就传遍了整个公司，大家都知道了人事资料管理科有个叫李妍的人很出色。

一个月之后，公司人事大调整，原来的部门经理调去别的部门，新来的行政任命文件上赫然印着李妍的名字。在同事们复杂的眼光里，李妍收拾好自己的东西，迈着悠闲的脚步走进了18层那间豪华的办公室。

在工作中，几乎没有一件小事是可以被忽视的。事业大厦的根基在于无数个不起眼的小事，而这些小事做成功了，才能够建造最稳固、最牢靠的事业大厦。

沃尔玛公司总裁萨姆·沃尔顿的父亲是一名贫穷的油漆工，当初沃尔顿就是靠着微薄的打工收入念完高中的。这一年，他有幸被美国著名的耶鲁大学录取，但他却因交不起学费，面临辍学的危机。于是，他决定利用假期像父亲一样外出做油漆工，以挣够学费。他到处揽活，终于接到了一栋大房子的油漆任务。尽管主人很挑剔，但给的价钱不低，不但够缴一学期的学费，甚至连生活费也有了着落。

这天，眼看即将完工，他把拆下来的橱门板涂完最后一遍油漆，然后将涂好的一块块橱门板再支起来晾干。这时，门铃响了，他赶紧去开门，不想却被一把扫帚绊倒，绊倒的扫帚又碰倒了一块橱门板，而这块橱门板正好倒在昨天刚粉刷好的雪白的墙面上，墙上立即有了一道清晰的漆印。他立即把这条漆印用切刀切掉，又调了些涂料补上。

一切干好后，他左看右看，总觉得新补上的涂料色调和原来的墙壁不一样。想到挑剔的主人，为了那即将得到的酬劳，他觉得应该将这面墙用涂料重新再粉刷一遍。

终于，他累死累活的干完了，可第二天一进门，他又发现昨天新刷的墙壁与相邻的墙壁之间的颜色也有色差，而且越细看越明显。最后，他决定将所有的墙壁重刷……

最后，就连那个挑剔的主人也对他的工作很满意，付足了他的酬劳。但是这些钱对他来说，除去涂料费用，就已经所剩无几，根本不够交学费了。

屋主的女儿不知怎么知道了事情的原委，她将事情告诉了父亲。她父亲知道后很是感动，在女儿的要求下，他同意赞助沃尔顿上完大学。

大学毕业后沃尔顿不但娶了这个屋主的女儿为妻，而且还进入了这个人的公司上班。十多年以后，他成为了这家公司的董事长。

沃尔顿的成功经历正像美国通用电气公司董事长韦尔奇说的：一件简单的小事所反映出来的是一个人的责任心，工作中的一些细节唯有那些心中装着大责任的人才能够发现，能够做好。事实验证了韦尔奇的这个说法。

荀子在《劝学篇》中说："不积跬步，无以至千里；不积小流，无以成江海。”这告诉我们世间一切大事业、大成就都是由无数的小事积累而成的。没有一砖一瓦，不可能盖成摩天大楼；没有一针一线，不可能织成华美锦服；没有一点一滴的小事，也不可能造就伟大的事业和成就。然而，快节奏的现代生活令人们大多急功近利，一心只想做大事、赚大钱，对小事不屑一顾，对小钱嗤之以鼻。其实大多数的企业家和成功人士并不是一开始就做成大事、赚到大钱的，而是从小职员、小伙计做起，一步一个脚印，脚踏实地、日积月累，才最终创造后来辉煌成就的。

着眼于小事，踏踏实实、勤勤恳恳地做好每一件小事，在这些小事中积累经验，提高才能，才会更有能力经营自己的人生和事业。所以，养成愿意并乐意做小事的习惯，用高度的热情和耐心对待生活和事业中的每一件小事，用心地做好每一件小事，机遇必然会垂青于你，你也必定能够取得成功。

决定人生高度的是8小时之外

时代越来越进步，社会越来越开放，有所成就的机会越来越多，同时，竞争也越来越激烈了。不知不觉间，昔日学习成绩不如你的同学或是当了老板，或是成了技术权威，与你资历差不多的同事当了经理，工作经验比你少好多年的小年轻已经懂的比你还多……

你也许会想不通：明明我已经很努力了，对家庭尽心尽力，对工作尽职尽责，可为什么还是一直在原地踏步？

其实原因很简单：你确实已经做了很多，但是，那些比你成功的人，他们比你做的更多。

很多人觉得，工作以后，好好上班就可以了。他们不再读书，不再想着学习新的知识和技能。他们觉得，只要在工作上多花工夫，多赚些钱就够了。工作之外的时间，就尽情享受生活，玩游戏，喝酒撸串，追剧，逛街，或是无所事事地玩手机打发时间。他们不知道的是，在他们无所事事的时候，那些努力的人，正在一点点将他们甩在后面。

汪小晴从刚刚进入职场的时候，就暗下决心：自己决不会一辈子给人打工，一定要开创自己的事业。

心里有这样一个目标，汪小晴便不安于只做手头那份工作，而是用心观察自己公司的领导还有客户中的领导层人物都是怎样做事的。她发现，那些在职场中表现出色、比较成功的人，他们的行事方式各有特色，擅长的领域也各有不同，但是他们几乎都有一个共同的特点，那就是懂得如何利用时间。下班之后，普通的上班族都是带着忙碌一天的疲惫离开公司，或是匆匆回家，或是在外面找乐子，而领导和老板往往会继续忙着工作的事情，即使在休闲娱乐的时候，心里也会装着工作的事。

汪小晴受到启发，她心想：既然他们可以在上班时间之外做那么多事情，为什么我不可以？于是，她报了一个培训班学做甜点，利用每天下班后的时间去上课。

学做甜点之后，她的日子开始忙碌起来，每天下班之后都急匆匆地往培训班赶，晚饭只是半路上找家店随便吃一些。等上完课，已经晚上9点半，到了家已经10点多。简单收拾一下，起码11点才能睡觉，然后第二天早上7点还得起床，准备上班。

汪小晴觉得很累，可是，看着自己做的甜点一天比一天像样，学会的种类也越来越多，她心里有着不小的成就感。上课的劲头也一天比一天足。

学成之后，她开始在朋友的甜品店里帮忙，周末在那里兼职做甜点。后来，她干脆辞去工作，开了一家自己的甜品店，实现了当老板的梦想。

现在回想起来，汪小晴很庆幸自己曾经有过那段时间的努力，要不然，自己依旧是一个普通的小职员，上班的时候完成工作任务，下班的时候刷刷手机、做做饭，生活不会有任何改变。

一个人成功与否，不在于他加班加到多晚、为工作付出了多少努力，关键在于他花了多少心思去学习、去提高，下了多大的功夫去提升自己的能力、发挥自己的价值。

上天是公平的，每个人的一天，都只有24小时。曾经有人做过一项调查，得出了这样一个结论：假设一个人的寿命为75年，那么他的一生有三分之一的时间花在了睡觉上，也就是25年；有34000个小时在课堂上学知识，也就是3.9年左右；76000个小时用在工作上，大约为8.7年；在上班上学的路上要度过2.5年；饮食、洗漱、做家务等事情都要花去一定的时间，这样算下来，能被自己自由支配的时间，只有12年左右。

所以，很多人都觉得时间不够用，这并不是一个错觉。一天当中，除了睡觉之外，很大一部分时间要用来上班，其余的时间，还要用来处理各种琐事。一天下来，好不容易把所有事情都做完，可一转眼就到了睡觉的时间。于是，各种进修计划、读书计划、健身计划纷纷被搁置，日子一天天过去，感觉每天都很忙，回头想想，又觉得什么都没做。

可是，还有一部分人，他们在8小时之内和大家一样工作，在8小时之外却拥有精彩的生活，或是给自己充电，学习新技能，或是发展兴趣爱好，摄影、画画、写作、健身，日子过得有滋有味。

陈琳琳29岁，北漂5年，目前在一家传媒公司做设计总监。她的收入不高，租住离公司二十多公里外的城郊。在她那不足20平米的小卧室里，满满当当地放了各种各样的书。

去过她家的朋友都会问她："这么多书，你都看过了吗？"

也会有人问她，工作那么忙，上班的路又那么远，哪儿来的时间读这么多书？

这样的问题，陈琳琳已经被问过很多遍，她听了只是微微一笑，作为回应。

其实，陈琳琳自己也不知道，怎么就看了这么多书。她并没有什么秘诀，只是喜欢看书，一有时间就拿起书来读，不知不觉就攒了这么多。

上下班的地铁上，午休的时候，晚上睡觉前……她只是一有时间就去做她喜欢的事情而已。

人与人的区别在于8小时之外如何运用。学会理顺生活中的种种琐事，整理碎片时间加以利用，就可以创造更大的价值。如果每天能拿出一个小时，那么一个月就是30个小时，一年就是365个小时，约合15个昼夜。这15个昼夜完全属于你，没有任何人和事来打扰。你可以专心做任何你想做的，不再发愁没有时间。

一小段空余的时间似乎没什么，可长此以往的坚持，总会看到成果。

可是，也有人说："白天又是上班，又是做家务，上下班挤公交地铁也是个力气活儿，到了晚上只想好好放松一下，就是有什么计划，也没精力去实行了呀？"

这种现状困住了很多人，如今的社会节奏越来越快，工作和生活的界限越来越模糊，我们手中的时间也越来越碎片化。这种快节奏让人感到身心疲惫，终日处于紧张状态，即使闲下来，也很难平心静气地再投入一件事情当中。

其实，这并不难解决。

首先是保持旺盛的精力。只有精力充沛，才能保持良好的状态，去完成自己想做的事情。可以坚持锻炼身体，养成良好的作息和饮食习惯，保持身体的健康；可以找朋友聊聊天，做些积极的情感交流与互动；凡是放宽心，对无所谓的小事不要太在乎，减少没有意义的纠结。

要做自己真正想做的事情，不要带着太大的目标性和功利心。非要捧着一本密密麻麻的单词书死啃吗？非要每天对着PPT技巧100例犯愁吗？非要读了多少本专业书籍，才觉得自己有信心胜任工作吗？没必要的，只有做能让自己享受到快乐的事情，才能长久坚持下去。喜欢电影，可以用心去看；喜欢美食，可以研究食谱，练习厨艺；喜欢一种乐器，可以去学。只要所做的事情有价值，能让人变得更好，不至于虚度时光，更不至堕落，那就没什么不好。

还有就是，该休息时就休息，给自己留一个放松的余地。无论做什么事情，像陀螺一样连轴转都不是长久之计。要给自己留下足够的休息时间，保持良好的状态，才是长久之计。

8小时之外的时间如何度过，能决定你以后会成为什么样的人。给自己一个明确的目标，把它提到比较重要的位置，留出一个固定的时间去完成。至于其他一些琐事，其实做与不做没有什么区别，不用太过在意。千万不要想着等到所有事情都处理完了再去实现梦想，因为大大小小的事情一件接着一件，是永远处理不完的。我们心里要明白，对自己来说，最重要的是什么。认定之后，努力完成，此生就没有遗憾！

学好一技之长，总有用武之地

杨磊中学毕业就不上学了，跟着表哥到饭店当打杂的，当时他也并不是特别喜欢这份工作，但当时除了自己正在做的这份杂工，不知还有什么工作可做，于是就迷迷糊糊地一直混到当兵。退伍后一时找不到合意的工作，他又回到了原先的本行。眼看已经二十几岁，有了“前途”的压力，于是他为自己立下了一个目标——既然在饭店做了这么久，那就好好学厨艺，成为一名厨师，干出点名堂，便于自己以后更好地生活。

从此，他每天工作的目标一下子有了很大的转变，他不再是为了糊口，打发时日，而是为了使自己过上舒适的生活，能生活得更好而努力。除了跟饭店厨师学习之外，他还不断收集相关书籍，甚至跟着其他比较有名气的厨师学习。

不到两年，他由打杂的升为助理厨师，并且很快就闯出了名气，他还自创了美味水果沙拉。后来，他向亲戚朋友借了点钱，开了一家属于自己的饭店。

这虽然是一个平淡无奇的故事，但就是这么一个小人物的平凡故事，告诉了我们一个深刻的道理，三百六十行，行行出状元。也许有些行业、有些技能看起来平淡无奇，并不起眼，如果用心学习，掌握了有关的技能，生活就可以因此改变！

有一技之长的人永远不会没有饭吃，多学一样技艺，就多一条出路。这个道理，无论放到哪个时代，都能适用。

晶晶是一家杂志社的编辑。最近，她对中医特别痴迷，不仅买了很多中医养生类的书籍，每天捧在手里看得津津有味，而且一到周末就去听中医方面的学习班和讲座，一心扑到了这个上面。

要好的同事看她这个样子，忍不住劝她说："咱们是做编辑的，把文字工作做好就行了。虽然懂点儿养生常识也挺好，不过至于这么疯狂地学什么中医吗？"

晶晶听了同事的劝告，却不为所动，依然认真学着她的中医知识。两三年下来，虽然没有当医生的本事，但也掌握了不少养生保健的常识。

后来，杂志社打算新办一份有关中医养生的新刊物。此时晶晶"中医票友"的名号已经传遍了杂志社，主管理所当然地把这份副刊交给晶晶负责，让她担任新刊物的责编。

艺多不压身。多学一点儿东西没有坏处，而且，它总会在你生命中的某个时刻帮助到你。就算学到的知识和技能与你的事业并无关联，它也会融入你的气质之中，影响着你的生活。

俗话说，岁月是把杀猪刀。一样阳光活泼的美少年，经过时光的打磨，有人成了油腻的中年大叔、满脸怨气的中年大妈，有的人越发成熟睿智、平静恬淡。

不断地学习能够充实人的头脑。成为一个乐于学习的人，你就会发现自己掌握的知识和技能会越来越多，对环境的不断变化也就更能适应，面对人生路上的挫折时也有更多的解决之道。更为难得的是，你的眼界会不断开阔，对人、对社会、对整个世界也不在局限于某一狭窄的视角。

人的一生时间有限，我们永远不可能全知全能。但我们可以选择我们最有兴趣的领域，尽自己最大的努力去学习、去探索。

英国人吉姆·斯特莱生长在伦敦北区，他从年轻时就显示出极高的才能。24岁就取得了会计资格，在商业上有着卓越的天赋。他的一生几经沉浮，每次一败涂地、债务缠身的时候都能找到新的出路，重新开始，成为商场上的风云人物。

他曾经总结过一条“祖鲁人原则”，简而言之，就是：选择一个课题，长期坚持对它的学习与研究，就可以成为这个方面的行家里手。以对祖鲁人的研究为例，如果你认认真真地读过一篇关于祖鲁人的文章，那么你对祖鲁人的了解就会比一般人多得多。如果你不满足于这篇文章中包含的知识，而是去图书馆查询有关祖鲁人的资料，进行仔细研读，那么你对祖鲁人的了解会更加深入。如果你亲自到南非，去祖鲁人生活的地方进行观察、研究，你对祖鲁人的认识就会超过绝大多数人。

这样，在对祖鲁人的研究上，你就可以称得上权威人士。拿吉姆自己的话说：“重要的是，因为祖鲁人是一个比较狭窄的题目，你可以集中精力去对付他。正如激光束要比霰弹枪更好一样，是相同的道理。”推而广之，如果再某个狭窄的领域内，你比大多数人都做得更好，成为这一领域的领军人物，你就可以寻找到自己的发挥空间。

阿来是藏族人，他早年间曾对藏族的吐司制度进行过研究，用了十年时间，查阅了大量的文字资料。这种研究看似毫无价值，他没有因此成为藏族历史文化方面的专家，更不可能因此发家致富。但长期研究的成果不着痕迹地沉淀在他心里，某一天，他心中忽然灵光乍现，仅仅5个月的时间就完成了一部在文坛上引起巨大轰动的小说《尘埃落定》。

童话大王郑渊洁的儿子郑亚旗小学毕业就辍学了。他父亲不喜欢应试教育，所以在他上完小学之后，就不再让他上学，而是选择亲自教育他。18岁生日前夕，父亲要求他自立。他在网上投了很多简历，但也许是因为他的小学学历，所以大部分的简历都石沉大海。他最后没办法，只好开着18岁生日收到的礼物奥迪A6去超市扛鸡蛋，而且一干就是三个月。后来，一家报社招网络技术人员，郑亚旗抱着试一试的心态去应聘。面试时，他现场演练了自己的技术，向负责招聘的人员展示了自己制作的网页，并承诺给报社免费网站。他顺利得到了这份工作，并且不到一年就被提升为网络技术部主任。他得到这份工作并不是因为运气好，而是因为他在辍学半年后就开始跟网友学习有关电脑方面的知识，经过长年的积累，已经掌握了过硬的专业技能。

周杰伦多年来一直专心搞音乐，从打工、给别人写歌，到自己成为歌手，再到后来成为流行乐坛的传奇人物。他后来的成就，与他自幼学习音乐积累的音乐造诣是分不开的。他曾在一次演讲中说："人都要有梦想，其实我和大家一样都很平凡，就是学了点音乐，最后能够站在这个舞台演讲也不容易，因为我没有考上大学。方文山也才读过小学而已，不过他写的东西却可以写在教材里面。我觉得厉害的人、不平凡的人，书不一定要读得多好，但是一定要有一技之长。"

每个人都有他的专长和才干，只是需要发掘、培养，需要勤学苦练。只有踏踏实实付出，才能找到自己的闪光点，无论它以什么样的形式起作用，都能给我们的人生带来巨大的改变。

学好一技之长，总有用武之地。不必带着多大的功利性，不必为了拿多高的文凭，找多好的工作，评多高的职称。去发掘自己的特长和优势，多接触能让自己积极向上的东西，去学习，去研究，去把知识转变成自己的能力，让心灵平静充实，让生活多姿多彩。

就像龙应台在《亲爱的安德烈》中说的："孩子，我要求你读书用功，不是因为我要你跟别人比成绩，而是因为，我希望你将来会拥有选择的权利，选择有意义、有时间的工作，而不是被迫谋生。当你的工作在你心中有意义，你就有成就感。当你的工作给你时间，不剥夺你的生活，你就有尊严。成就感和尊严，给你快乐。"

点滴进步，即是成长

大一第一学期，离期末考试只有一星期的时间，大家纷纷抱着书本整天泡在自习室，拿出当年准备高考的劲头去复习各科的重点，生怕有哪门课不及格。苏童童却一副悠然自得的样子，虽然也会去自习室，却没有见她玩儿命地学习。要好的同学替她着急，对她说："你也该背背书了，眼看就要考试了，不突击一下怎么行呢？"苏童童只是说："不差这么几天，到时候好好发挥就是了。"

同学见她这么说，只好由她去，又埋头啃起自己的笔记本来。

结果考试成绩出来，苏童童却是班里考得最好的。大家都觉得很意外：明明考试之前没怎么见她复习，怎么就能考这么好呢？有几个关系比较近的同学忍不住好奇心，问她是不是有什么应付考试的诀窍。她笑着说："哪儿有什么诀窍？不过是平时积累而已。我每天都留出一定时间来到自习室学习，老师课堂讲的内容，课后也会回顾。所以老师讲过的东西，我脑子里都有印象，就算是考前要背，也会背得快些。"

她接着说："其实学习要靠平时，就拿英语来说吧，我在上高二之前英语成绩特别差，虽然每次考试的总成绩在班里的名次都比较靠前，可英语却老是拖后腿。每位教过我的英语老师都会找我谈话，也经常单独辅导我，可我的成绩还是不行。那些英语单词对我来说，就像密密麻麻的小蚂蚁，看了就头疼。”

“直到高二那年，一位五十多岁的老教师负责教我们班的英语。高二第一次月考，我的成绩依然一塌糊涂。这位老师也把我叫到办公室，她并没有跟我说什么多余的话，只是问我：‘想不想把英语学好？’我点头。她见了，把英语课本拿在手里，对我说：‘要是能把里面的课文都能背会了，对你有好处。你不要怕书厚，每天背会一句就可以了。遇到不会的就查字典，或者过来问我。不过要坚持背下去，一天也不能间断。能做到吗？’

“我回到了教室，翻开英语课本的第一篇课文，开始读第一句话。里面的单词我没几个认识了，只好一一查字典，把意思标在单词旁边。我不懂发音，不知道该怎么读，只好抄了几遍，开始尝试默写，默写不下来就继续抄……就这样，终于把这句话默写下来。就这样，我每天都背一句英语课文，等到第一篇课文背下来的时候，我发现自己居然把里面的单词都记住了。于是我继续坚持背课文，从每天一句，到每天两句，再到每天一段……我的英语成绩慢慢提高上来，背英语文章的习惯也一直坚持到现在。”

听了苏童童的话，那几个同学佩服不已，纷纷把钦佩的目光投向苏童童。

每天只背一句话，看似微不足道，可是长此以往，积累下来的知识量却很可观。学习不必贪多，就算只能学会一点点，也是学习的成果。这么小的成果看起来算不了什么，但是正是这种微不足道的成果，一点点积累起来，就是巨大的成就。

一家海洋公园的鲸鱼表演特别受欢迎。8600千克重的大鲸鱼在训练师的指挥下做着各种精彩的动作，不仅能越出水面六七米，还能表演各种精彩的杂技。

有人请教训练师："我实在不敢相信，这么大的鲸鱼居然能跳这么高，而且会做这么多的表演动作。请问您是怎么训练它的呢？"

训练师回答，他们一开始训练鲸鱼的时候，会在水里放一条绳子，让鲸鱼不得不从绳子上方游过。鲸鱼每次从绳子上面通过，训练师都会奖励它。次数多了，鲸鱼就知道，从绳子上面通过，就能得到奖励。接下来，训练师们就会把绳子升高，不过幅度很小，每次只会升高2厘米。这么小的变化，庞大的鲸鱼感觉不出有什么不同，不费多大力气就轻松通过了。随着时间的推移，绳子逐渐升高，从水面以下到水面以上，以至于到离水面6.6米的地方，而鲸鱼也在这长期的适应中，有了跳出水面6.6米的本事。

训练师说："训练鲸鱼的秘诀只有一个，那就是循序渐进。一点点的进步积累起来，就能达到惊人的效果。"

不要轻视一点一滴的进步。人的成长，正是一点一滴逐渐积累起来的。每天进步一点点，哪怕只有一点点，长此以往，就能取得巨大的飞跃。

刘丽丽是个腼腆内向的姑娘，因为父母的管教非常严格，所以从小到大都特别听父母的话，连高考报志愿，都是完全遵从父母的安排。大学四年，她只知道按照学校的安排上课、考试，在学习上成绩平平，生活中也没有什么亮点。

转眼到了大四第二学期，大家准备升学的准备升学、找工作的找工作，都一改以往悠闲自在的样子，开始忙碌起来。可刘丽丽的眼前却一片迷茫，不知道自己可以做什么。继续升学是没有希望的，她知道自己的成绩很一般，平时也没有认真学习过，课堂上的知识掌握得并不牢固。于是她加入了应届毕业生求职的大军。

面试通知有很多，可是刘丽丽发现，每一次面试都没有结果。常常是简单几句询问之后，面试官就让她回去等通知，然后就再也没有消息。可听身边的同学说起面试的过程，却完全不是这个样子，有的甚至能和面试官聊很久，得到面试官的青睐，得到工作的把握自然就大了很多。

求职的受挫使刘丽丽意识到，不能再这样下去了。自己应该想办法改变。

该怎么办呢?

刘丽丽知道，内向、不善言辞、气场弱是自己求职的最大障碍，所以决定从这方面做起。在陌生人面前不敢张口，她就尝试着在比较熟悉的同学面前主动说话，而不是默默地当个听众。可是，说起来容易做起来难，很多次她想要开口讲话，却总觉得有股无形的力量在阻止她张口，等终于鼓起勇气时，之前那个话题却已经结束了。更多的时候，她知道自己应该也说点儿什么，却不知道该说什么才好。终于有一次，当她在几个女生面前讲了一件自己小时候的趣事，引得大家哈哈大笑之后，她发现开口讲话并不像她从前以为的那么难。

这次看似很简单的尝试，让刘丽丽找到了底气，在跟人说话的时候日渐自信起来。顺畅的交流让她能够接收到更多的信息，了解更多的事情。渐渐的，她变了，不仅开朗了很多，而且对人对事也有了自己的主见。

毕业前夕，她顺利通过三轮面试，进入一家在当地小有名气的企业做行政工作，正式开始了她的职场生涯。

一次小小的突破，就足以改变一个人。有时候，看似不可逾越的屏障其实不过是一层窗户纸，稍微一捅就可以戳破。当前进的脚步受到阻碍时，不要畏缩不前，而是要想方设法去跨过障碍，就算能往前走一步，也能离目标更近一点。

如果你想让自己变得更好，那就尝试着从小事做起，可以试着克服自己的某个小缺点，可以去接触一种新的事物，也可以在自己擅长的领域积累一些小常识、小技巧。让自己每天都有一些微小的进步，总有一天，你会发现，你与过去的自己完全不同。

一点一滴的进步，都是一种成长。不用想着一定要取得多大的成就，只要今天的自己比昨天的自己更优秀一点点，光阴就没有虚度，人生就更有价值。

倒掉鞋里的沙子，才能轻松向前

伏尔泰说：“使人疲惫的不是远方的高山，而是鞋子里的一粒沙子。在人生的道路上，我们很有必要学会随时倒出鞋子里的那粒沙子。”的确，我们不得不承认，沙子虽小，却很磨人；问题虽小，却会影响全局。

我们在前行的路上，往往容易忽略一些“琐事”，这些事看起来很琐碎，却关乎“痛痒”。很多时候，失败并不在于我们遇到的困难有多大，而是我们没有解决问题有多小。

相信那个“倒掉鞋里的沙子”的禅理故事大家都耳熟能详，这其实并不仅仅是在禅理中才有的故事，生活就有活生生的实例。

在一次越野赛中，选手甲原本遥遥领先，可当他走过一片沙滩时，鞋子里灌满了沙子，于是他匆匆脱下鞋子，胡乱地把沙子倒出，继续前行。可是有一粒沙子还留在他的鞋里，他没有发现。在接下来的路程中，那粒沙子不断地磨着他的脚，并渐渐嵌入他的脚底，使他每走一步，疼一下。刚开始他并没有在意，心里想的是：等到终点再把沙子倒出来。终于，在离目的地不远的地方，锥心刺骨的疼痛使他不得不停止脚步，放弃比赛。

一粒沙子让一场必胜的比赛转胜为败，这不能不让我们深思：

我们在生活、事业中往往无视一些小问题，认为是细枝末节无关紧要，有更重要的事在后头，于是“跳过它”大踏步前进，殊不知在整个后续路途中，由于没解决好之前的小问题，导致行程步伐变慢、行动力受阻。所以很多时候在我们还没弄清楚怎么回事的时候，就已经开始觉得举步维艰了；而当我们费尽千辛万苦找出原因时，可能已经为时已晚。

一粒“沙子”为什么会导致失败？因为它“卡”在关键的地方，虽不能立刻凸显出致命的危害来，却能分散你的心力让你疲惫不堪。

王鹏一个人在外打拼，一直租房住。一次，当他搬到一个新住处的时候，发现纱窗上有个黄豆大小的洞。他看到之后，并没有理会，心想：反正又不是我自己的房子，干吗费那个劲儿修纱窗呢？

于是，王鹏并没有理会这个小洞，很快就把它忘了。

很快，夏天就来了。王鹏发现，屋子里有好多蚊子，怎么打也打不完。他经常被这些蚊子折腾得睡不好觉，第二天上班的时候昏昏沉沉的，经常走神。

这种情况持续了一段时间之后，王鹏想起了纱窗上那个小洞。他拿出宽胶带，剪下一块贴在了小洞上面。效果立竿见影，当天晚上，王鹏就睡了个安稳觉。

可是，没过几天，粘在纱窗上的那块胶带就掉了下来。半夜里，屋子里又进了蚊子。王鹏被蚊子闹腾起来，迷迷糊糊之间也不想去拿胶带了，索性把窗子关上，再把屋里找了个遍，看见一只蚊子打死一只。终于，他确定蚊子已经被消灭得差不多了，可屋里闷热的空气又让他浑身难受。于是他只好又拿出胶带粘住纱窗上的小洞，躺下来准备睡觉。可经过这一番折腾，第二天醒来，他觉得头昏脑胀，只想躺到床上去睡到天荒地老。

到了公司以后，他打开电脑开始工作。迷迷糊糊之间，连上司发给他的布置工作任务的邮件都没收到。偏偏那封邮件里交代的事项与公司的一个大项目有关。后来，王鹏因为没有及时处理工作，影响了公司的项目，受了降职的处分。

不要轻视那些细小的问题，及时解决了，它就微不足道。如果一直任它留存，也许就是个大的祸患。

宝洁公司推出的汰渍洗衣粉，在投入市场之初，就收到大批消费者追捧。可是，到了第3年，汰渍洗衣粉的销售量突然开始下滑。宝洁的销售部门为此焦急不已，大家绞尽脑汁，却怎么也找不到原因。于是，他们想尽办法，在超市进行随机调查，发起网络投票，召开座谈会……利用一切渠道去寻找洗衣粉销量下降的原因。

在一次随机调查中，一位受访的消费者随口抱怨了一句："汰渍洗衣粉的效果其实很不错，只是每次洗衣粉都要倒那么多，很不划算。"

他们从这句话中得到灵感，在网络调查中增加了"洗衣用量"的选项，结果这一项的票数占了总票数的70%。

就这样，在一番广泛调查的基础上，经过深入研究，他们终于发现了困扰他们已久的症结。结果很出人意料：原来这所有的一切，都是一则广告惹出来的，广告中倒洗衣粉的镜头持续了3秒，而其他品牌的洗衣粉广告中倒洗衣粉的时间只有1.5秒，就是这相差的1.5秒，给消费者带来了"用汰渍洗衣粉洗衣服需要倒很多"的误解。

宝洁公司对此迅速采取措施，一是修改广告宣传片，将倒洗衣粉的时间缩短；二是调整外包装，在显眼位置提醒消费者：汰渍洗衣粉用量少，效果好。这些措施很快就有了成效，汰渍洗衣粉的销量开始回升，只用了一年时间就又回到洗衣粉销售龙头的位置。

1.5秒，在我们的印象里只是一眨眼的工夫。可就是这短短的1.5秒，让宝洁公司上上下下共同经历了一场焦虑而混乱的危机处理，甚至差一点儿把“汰渍”这个品牌推向末路。有位企业家说过一句话：放过一个小问题，你可能会面临千百个小问题。这句话的含义和上述故事的寓意异曲同工，都是在告诉人们，一个被忽视的“小问题”可能会耗尽所有的“资本”。

阿智和阿力一起上山砍柴。第一天，两个人各砍了8捆柴。

阿力想：“明天我一定得早点儿上山，这样就能多砍些柴了。”于是，他匆匆吃过晚饭，很早就睡了。第二天天不亮，阿力就上了山，一刻不敢耽搁地开始干活儿。

阿力正忙着的时候，阿智也到了山上。他虽然比阿力来得晚，但砍柴的速度却比阿力快得多。阿力紧赶慢赶，还是被阿智甩在了后面。原来，头天晚上，阿智并没有早早睡觉，而是抓紧时间磨斧头。他的斧头比阿力的锋利，砍柴的速度自然就快了。

一天下来，阿智砍了9捆柴，阿力只砍了6捆。

第三天，阿力起得比前一天还早，太阳都下山了才回家，可砍的柴还是没有阿智多。原来，他只顾着砍柴，却不知道自己的斧头已经钝了。

这就是“磨刀不误砍柴工”的故事。这个故事告诉我们，事先做好了充分的准备，才能保证工作的顺利进行，一个被忽视的细节，就能对工作效率产生巨大的影响。

在人生之路上，总有出现一些东西来牵绊我们的脚步。有时是各种各样琐碎的干扰，有时是看似无法割舍实则会阻碍前途的负担，有时是工作或生活中出现的或大或小的问题。这些东西就如同掉进鞋里的一粒粒沙子，看似无关痛痒，却让人痛苦不堪。

当鞋里进了沙子，有人选择不理会，忍着脚上的痛苦继续往前走；有人受不了，停下来，坐在地上再也不愿意起来；有人停下来，脱下鞋子，把里面的沙子倒出来，继续赶路。就此停下不再走的，已经放弃了前方的未来。忍着痛苦继续赶路的，之后的旅程都会在饱受痛苦中度过，或许会因为筋疲力尽而前功尽弃，或许走到了目的地，却因脚上伤痛的长期折磨而无法享受胜利的快乐。停下来倒掉沙子的人，虽然耽误了一些时间，后面的路却走得更加轻松。也只有他们，才能走得更远！

走路时，鞋里掉进沙子是常有的事。感到沙子硌脚了，就应该立即停下来，脱掉鞋子将沙子倒出来。倒沙子的过程实际上是为自己扫清前进障碍的过程，因为只有这样才能轻装上阵，走得更顺、更远！

第四辑

不忘初心，勇敢前行

负重前行的人，能迈出更坚实的脚步

除了不谙世事的孩童，几乎所有的成年人头顶上都顶着或大或小的压力。有人说压力就是动力，面对压力，如果能笑着面对，就会化压力为动力，推动自己不断向前，让自己不断开创新的、更好的生活。

“压力大呀！”“都快扛不住了，背上就像背了三座大山。”“什么时候熬出头呀，顶着这么大压力过日子真够痛苦的。”类似这样的话，或许对现代都市里的我们来讲丝毫不陌生，我们经常会听到周围的亲朋好友说出类似的话，甚至我们自己也时常发出此类感慨。我们的压力来自很多方面，比如工作的压力、家庭的压力、学习的压力、朋友的压力等。

不可否认，现代社会中的我们，压力无处不在。日益加快的生活节奏、激烈的生存竞争、繁重的工作压力、单一乏味的日常生活、沉重的生活负担等使我们经常生活在紧张的高压状态之下。

在很多人看来，压力是个不好的东西，认为它会让人心情沉重、行为受阻，甚至整日生活在恐惧之中。如此看来，有压力真的是一件坏事吗？

一天，有个人凑巧看到树上有一只茧开始活动，好像有蛾要从里面破茧而出，于是他饶有兴趣地准备见识一下由蛹变蛾的过程。

但随着时间一点点过去，他变得不耐烦了，只见蛾在茧里痛苦挣扎，将茧扭来扭去的，但却一直不能挣脱茧的束缚，似乎是不可能破茧而出了。

最后，他实在等得不耐烦了，就用一把小剪刀，把茧上的丝剪了一个小洞，让蛾出来得容易一些。果然，不一会儿，蛾就从茧里很容易地爬了出来，但是那身体非常臃肿，翅膀也异常萎缩，耷拉在两边伸展不起来。

他等着蛾飞起来，但那只蛾却只是跌跌撞撞地爬着，怎么也飞不起来，又过了一会儿，它就死去了。

蛾为什么会死？原因是蛾失去了成长的必然过程。蛾的成长必须在蛹中经过痛苦地挣扎，直到它的双翅强壮了，才能破茧而出，那些不经过痛苦挣扎而生的飞蛾势必夭折。人的成长也是如此，没有经过不幸、挫折、失败磨炼的人生难以承担大任，即使让其承担大任，也会因经受不住随之而来的艰辛、曲折、困难的考验而归于失败。

经过了重重压力的考研，才能享受到“苦尽甘来”的幸福。相反的，没吃过苦，不具备吃苦耐劳的品性的人，很难在布满荆棘的人生路上走出康庄大道来，即使你有优越的条件也不例外。

无数事实也证明，面对压力，那些难以迈开步子勇往直前、把压力看作一道难以跨越的坎儿的人，其生命本身缺乏拼搏的激情和战胜困难的顽强毅力。而压力在那些有着坚强意志力的成功人士眼里却从来不是一道难以跨越的坎儿，当背负压力的时候，他们常会微笑着面对，让压力变成动力，推动自己不断向前进，不断打开新的局面，开创更加美好的生活。这样的解决之道不正是我们最想要的吗？

一个名叫卡迪尔的大富翁曾在著名的跨国零售巨头公司担任要职。卡迪尔对工作向来一丝不苟，而且极为注重工作效率。熟悉他的人都说，他是一个不折不扣的“工作狂”，每天都让自己生活在高压下，甚至有的朋友好心地劝告他不要这样，否则累坏了身体是不划算的。

然而，卡迪尔却说：“我确实要承受很大压力，不仅是因为我的职位，还因为我对自己的要求一向很严格。但是，我并不觉得压力让我的日子变沉重了，相反，它让我觉得很轻松。我一直都认为，任何一个人都需要在压力下竭尽全力地度过自己的每一天，让自己的生活和工作变得充实而有意义。”

压力对于卡迪尔来说是不可或缺的东西之一，因为他需要在压力下尽自己最大的努力，让生活和工作变得充实，这样的想法在很多常人看来或许难以理解，但事实上，这是一种几乎所有成功者都具备的素质。在他们眼里，压力能够使人轻松，压力能够创造价值，而正是这种积极的心态让他们不断成功。

类似故事中卡迪尔这样的强者总是喜欢挑战高难度的事情，因此在他们看来，压力是使自己前进的助推器，是自己这辆不断奔跑的列车的发动机，压力可以唤起和激发出自己最大的潜能。

卓然是一家大公司的经理，每天清晨，她睁开眼睛后，想到的第一件事就是当天的工作安排。她比任何人都早到公司，然后一刻不耽误地处理堆满办公桌上的文件和信函。

每当她为文件而忙得焦头烂额时，她桌上的电话铃声会频繁地响起来，有的电话是催她去开会，有的电话是要她接待来访客户。为了把各方面的事情都协调好，卓然每天都要保持精神的高度集中，逼自己高效率地做事。

在公司像个陀螺一样转了一天后，卓然最想做的事就是在深夜下班回到家后好好睡一觉。通常，卓然感觉刚刚沉睡过去，闹铃就响了。

卓然生活得如此疲惫，但她却表示："我很喜欢压力，因为有压力的人活的质量相对较高，没有压力等于不被人需要。我不会抱怨什么，毕竟路是我自己选的，这些压力也是我自己给自己制造的，让我的个人能力不断进步，让我充满自信。"

成功者也好，普通人也罢，每个人都会有压力。作为朝九晚五的上班族，我们也会像卓然一样常常感受到来自工作和生活中的压力，比如我们每天要面对纷繁忙碌的工作，和同事、领导、下属等处理好关系；我们必须不断地为自己充电，让自己跟得上时代的步伐而不致被别人落下；当同事加薪升职了，我们的内心也不会毫无波澜，认为自己也要努力，不然就没有升职机会。

"幸运看来只会降临到每天工作14小时，每周工作7天的那个人头上。"这是哈默曾经说过的一句话，哈默是这么说的，同时也是这么做的，哈默在90多岁时仍坚持每天工作十多个小时的习惯。

哈默说过："我成功的秘诀就是我比别人每天多工作几个小时。"对此沃伦·巴菲特也认为，培养良好的习惯是很关键的一环。一旦养成了一种不畏劳苦、敢于拼搏、锲而不舍、坚持到底的劳动品性，则无论干什么事，都能在竞争中立于不败之地。古人说，"勤能补拙是良训"，讲的也就是这个道理。

如此看来，有压力并非坏事，所以有人说：压力就是甜点，只要你能逆向观看。既然如此，我们何不换个观念、换个角度来看待压力呢？“天将降大任于斯人也，必先苦其心志，劳其筋骨”的道理并非一种站着说话不腰疼的善意安慰。既然压力无法躲避，那就试着为它找一个出口吧，把它转化成一种前进的力量。

如果你是一只海蚌，就必须忍受砂石的蹂躏；
如果你是一块礁石，就必须经受滔天巨浪的袭击；
如果你是一株小树，就必须经得起风雨雷电的考验；
……

在我们的生命旅程中，时时处处都会充斥着压力，如果不想让压力将自己拖垮，就要告诉自己这样一句话：“只要精神不滑坡，办法总比困难多。”有朝一日，当我们穿破层层压力的雾霭，在明媚的阳光下重新看自己走过的路，我们就会发现：**负重前行的时候，留下的足迹也更加清晰！**

折翼天使也能飞翔

如果失明了，我们将怎么办？对于一个人来说，视力是发挥自己才能的必要保证。如果失去了视力，我们将会完全丧失掉生存的能力，无法再体会到自己的存在价值。很多人都是这样的想法吧！失去了眼睛，我们将一无是处。

真的是这样吗？不！每个人都有其自身的长处。当上帝为我们关上一扇门的时候，必然会给我们打开一扇窗。

盲人可以做什么？在黑暗的世界中，盲人将会为我们呈现出最为斑斓绚烂的世界。

柯达公司在制造感光材料时，需要一部分工人在暗室中工作。可是，长期处于暗室之中，对于一个有着正常视力的人来说是难以适应的。这就好比一名司机在黑夜中行车，却发现自己没有车灯用以照明。因此，在初期阶段，柯达公司生产感光材料的效率十分低下。这时，有人向公司的管理层提出了一个有建设性的意见，那就是招聘盲人来生产感光材料。由于盲人已经适应了在黑暗中生活，所以只要稍加培训，他们就可以胜任此项工作。柯达公司的管理者采纳了此项建议，把暗室的工作人员全部换成了盲人。结果，生产效率较之以往有了大幅度的提升。

由此可见，我们每个人身上都潜藏着不易为人察知的优点。这些优点就像是价值连城的宝藏，一旦被发掘，就会为我们带来巨大的财富。

著名的物理学家爱因斯坦，一直到9岁仍然不能够运用语言与他人流利地进行交流。为此，他的父母一度怀疑自己的儿子是一个低能儿。上中学时，除了数学外，他每门功课的成绩都十分糟糕，以至于他的老师认为他毫无前途可言，要求他离开学校。爱因斯坦确实一直没有表现出任何可能成功的迹象，即使是在考大学时，他也是经过两年的考试，才被苏黎世理工学院录取。

大学毕业后，他又遭遇到了就业的问题。在别人眼中，爱因斯坦是一个不折不扣的失败者。可是，在爱因斯坦的心中，他却十分清楚自己将在哪个方面取得成功。进入大学后，他一直专心致力于物理学的学习与研究，在他处于失业的时期中，他并没有荒废自己的研究，而是初步形成了相对论思想，为之后相对论的问世打造了基础。

有人说，处于优势的人总是比处于劣势的人强，成功者也总是处于优势地位。因为优势就是优势，劣势就是劣势，它们之间泾渭分明，关系是对立的，它们之间有着不可逾越的界限。

但是，任何事物都不是绝对的，劣势和优势有着诡异之变：优势和劣势在一定条件下会互相转化。所以，我们不怕自己有更多的劣势，怕就怕不去考虑如何能将劣势转化为优势。有些劣势只要能利用得好，就能成为一个人的优势。

有一个小男孩在一次车祸中失去了左臂，因为对柔道很感兴趣，于是他拜了一位柔道大师学习柔道。但让人意外的是，在半年时间里，柔道大师只教了这个男孩一招。

小男孩忍不住问师傅："我为什么不再学其他招数？"

师傅回答说："对于你来说，会这一招就够了。"

虽然小男孩不明白为什么，但他很相信柔道大师的话，依旧继续照着练了下去。

又过了几个月后，柔道大师第一次带小男孩去参加比赛。小男孩居然轻松地赢了前两轮。第三轮虽然对手连连进攻，但男孩在左躲右闪后，快速施展出那一招，还是赢了比赛。

最后，小男孩进入了决赛。

决赛时的对手高大又强壮许多，甚至比他有经验。在前一段时间的较量中，小男孩有点招架不住。裁判看到小男孩是个残废，担心这样比下去会受伤，就打算就此终止比赛。然而，柔道大师坚持继续下去。

对手看到小男孩好像不堪一击，就放松了戒备，小男孩抓住机会使出自己的那一招，制服了对方，最后夺得冠军。

小男孩回家后问柔道大师："师傅，我怎么凭一招就能赢得冠军？"

柔道大师答道："因为你只有一个胳膊，所以你很容易掌握柔道中最难的一招，而对手破解这一招唯一的办法是要抓住你的双臂。"

小男孩因为没有左臂，所以对手没有办法破解他这一招，他最大的劣势变成了最大的优势。

人人都有自己的劣势，人人也都有自己的优势，如果一个人能充分地认识和利用自己的劣势，那么劣势也可能转变为优势。所以，只要懂得扬长避短，劣势就能变成特点或优势。所以说，人的劣势未必就一定是劣势。

生活中有很多人都执着于自己所缺少的部分：工资比别人少，房子比别人小，工作比别人累，快乐比别人少……他们看到的只是自己的劣势，所以，处于一种贫乏而倦怠的状态。这样的生活状态下，他们的生活变得越来越平淡而缺乏生活乐趣。其实，他们并不像他们所想象的那么糟糕。他们所看到的，只是生活的一方面而已。如果懂得换一种方法去想问题，他们会发现：劣势原来也是自己的优势。

到目前为止，在美国整个职业篮球联盟中，博格斯是最矮的一个。博格斯很矮，但他能在巨人如林的篮球场上竞技，并且跻身大名鼎鼎的NBA球星之列。

有人或许会说，作为NBA的球员，身高是第一位的，博格斯没有足够的身高——甚至和普通人相比，他都只是一般水平。那么，是什么促使他选择篮球的呢？又是什么让他成为一个篮球明星呢？

原来，博格斯的成功主要归功于乐观的心态。

博格斯从小就很喜爱篮球，可因长得矮小，伙伴们都瞧不起他。有一天，他伤心地问妈妈：“妈妈，我还能长高吗？”

妈妈鼓励他说：“博格斯，你不仅能长高，而且还会长得很高很高，会成为人人都知道的大球星。”从此，博格斯就一直认为，自己绝不会一直这样矮，一定会长高的。

“既然自己还能够长高，那就不用担心什么啦。”博格斯放心了。他明白，作为一个职业球员，一定要有精湛的球技。于是，博格斯开始苦练篮球技术。在博格斯看来，把球技练好，自己也长高了，也就能进入美国职业篮球联赛了。

可是后来博格斯发现，自己不能再长高了。但这时，身高对他来说已经不重要了，因为在大学联赛的赛场上，人们看到他凭借自己个矮的优势飞速地运球过人和成功地抢断。因为表现突出，不久就被球探招进NBA。

相关专家分析说：“夏洛特黄蜂队的成功在于蒂尼·博格斯的矮。”博格斯技术好，他发挥了矮个子重心低的特长，从而成为一名断球能手。

当然，劣势转化为优势是有条件的，在第一个故事中，如果小男孩练不出那制胜的一招，那他的劣势永远都只是劣势。另外，还要找到让劣势变成优势的平台。如果博格斯不是在篮球场上发挥自己个子矮小带来的灵活迅速等优势，那么，他的劣势也不会成功地转化成优势。所以，我们要充分认识自己的劣势和优势，既要充分发挥自己的优势，又要创造合适的、利于劣势转化的条件，争取把自己的劣势转化成为优势。

你不妨检查自己有哪些优势和劣势，面对劣势，找到让劣势变成优势的平台，这样，你就会成为一个有优势的人。

世界上一个普遍的常识就是：“人无完人，没有一个人是尽善尽美的。”反过来说，也没有一个人一无是处。我们每个人身上都潜藏着不易为人察知的优点。当你在羡慕他人的一技之长时，你就是在浪费着自己的天赋。我们必须充分地肯定自己，积极地开发出属于自己的闪光点。**只要心中向往着天空，即使是折翼的天使，也能飞翔。**

忍得下委屈，成得了大事

在世上打拼的人，相信都有过这样的亲身经历：在生活中有很多不公平的事，有一股难以排遣的闷气堵在了胸口，充斥在自己的身体里，让自己感觉非常不痛快，工作没精力，整天好像是背负着一块大石头。

人生难免会遇到不顺心的事：本来就是别人的错，为何要无端地怪自己呢？工作搭档做不好，为什么自己要承担他的错？其他人都不愿意做的事情为什么让我来做？当你遇见这些情况的时候，是忍受委屈还是发泄出来呢？有些人会说：我不会装孙子，谁让我受委屈，我就会让谁好看。的确，这样做能让你获得心理平衡，可是，这会毁了你的未来。所以，你要想赢在未来，那就认了吧，因为委屈是人生赶不走的魔鬼。

柯文中能力强，刚到单位半年，就成了业务骨干，很受同事喜欢。

因为自己是办公室里的小字辈，又是新来的员工，像办公室饮水机换水这样的工作，小柯就义不容辞地承担了。

可是，换水是经常性的事，刚开始小柯还很勤快地帮着去换，可是到最后也有点不耐烦了，就不去做了。这下可好，只要饮水机没有水了，大家都在喊，“小柯，没水了，你赶快换一桶呀”，“小柯，怎么搞的？没有水了你也不换”。

“难道自己是来公司换水的吗？不给他们点颜色看看就太欺负人了。”时间长了，柯文中实在是忍受不了这份委屈了。这天，有个女同事喊他换水，他一边将手中的笔狠狠地摔在桌子上一边愤愤地向喊他的同事回道：“我可不是换水的，凭什么让我做这么低贱的活？以后不要把我当孙子用。”

柯文中的反应让同事们很愕然，原本对柯文中热心淳朴的印象瞬间荡然无存。其实，柯文中换水，同事也没有看轻他的意思，只是习惯了而已，倒是柯文中对这份委屈的发泄，让同事们意外。

后来，柯文中虽然觉得同事对他有了几分“敬畏”，但同时他也感到自己和同事有了距离感。在年终的评优会上，业绩很好的柯文中却榜上无名。

柯文中遭到了同事的疏远，根本的原因是不能忍受委屈。其实，我们应该学会忍受委屈，这样就能得到他人的信赖和认可。

黎小群是张总新聘的秘书。“您好，张总。昨天我交给您的文件签了吗？”这天，黎小群在办公室问张总。“什么？我从未见过你的文件，你这个秘书是怎么当的。”张总有点恼怒。黎小群看到张总怪自己，本想说：“我把文件交给你的时候，王总也在，我们看着您将文件摆在桌子上的！”但话到嘴边，黎小群还是将话咽了回去，而是平静地说：“那好吧，我回去找找那份文件。”

于是，黎小群回办公室，把电脑中的文件重新调出再次打印。当黎小群再次把文件放到张总面前时，他连看都没看就签了字，因为他清楚文件原稿的去向。

后来，公司的人都觉得黎小群很能干，因为张总身边的秘书很少有像黎小群干得这么久的，常常都是因为不能让张总满意而被辞掉。看来，张总对黎小群的表现非常满意。

三年后，黎小群成为了一名主管，也是公司的红人。

可以说，黎小群是用忍受委屈赢得了职位，其实，张总器重黎小群的原因只有黎小群最清楚，试想，黎小群当初为了那份失踪的文件，挨了张总的骂，黎小群要是忍受不了那份冤枉，非要和张总辩个清白，黎小群可能早就离开公司了。

人活在世上，注定要受许多委屈，有的委屈很小，有的委屈很大。有时候，能不能获得好的未来，就看你对委屈的态度。应该说，一个人越能忍受委屈，他的前途就越广；他忍受的委屈越多，他就更能得到器重。不懂得为未来忍受委屈的人，他的未来就不会有光明。

金正法辞职了。他在公司已经工作5年了，对公司一直没有好感，因为他觉得自己是世界上最委屈的人。

当初进入公司时，面试官正是现在的上司张斌，在面试过程中，张斌总是提一些刁钻的问题，他费了九牛二虎之力才勉强通过了面试。金正法激动地说："谢谢公司给我这个机会，我一定不会辜负公司的信任。"

谁知张斌冷冷地看着他说："承诺都是空的，还是看你的行动吧。"这句话如一瓢冷水浇灭了金正法的热情。

后来，金正法不管怎么努力，即使工作完成得很漂亮，上司也总是找机会挑剔、打击他。有一次，上司直接交给他一份任务，要求他完成一份出色的策划案。于是，金正法想抓住这次机会，做出一份漂亮的策划案，从而改变自己与领导之间的误会。为此，他每天加班到深夜，甚至连饭都忙得顾不上吃。一周后，当他挂着两个大大的黑眼圈，将一份非常精美的策划案放到张斌面前时，张斌翻了翻策划案，然后冷冷地说了一句："不行，还需要修改。"

金正法看到上司没有仔细看自己的策划方案，就给出了否定的意见，心中十分生气，抓起策划案，摔门而去。同事安慰他："谁让我们摊上了一个刻薄的领导呢，不要往心里去，不然你今后会被气死的。"但是，金正法始终无法填平与领导之间的那道鸿沟，只要一看张斌的脸，心中就会怒火中烧，最后只有选择了离开。

生活往往充满了残酷的竞争，没有绝对的公平可言，世界永远都是一个优胜劣汰的环境，适者生存，如果你总是在不顺心的时候或受到委屈的时候，负气不堪，无法忍受，那么你未来必然会被淘汰。

有位爱尔兰人名叫欧·哈里，听过卡耐基的课。他受的教育不多，很爱抬杠。他当过汽车司机，后来因为推销卡车不顺利，来求助于卡耐基。听了几个简单的问题，卡耐基就发现他老是跟顾客争辩。如果对方挑剔他的车子，他立刻会涨红脸大声强辩。欧·哈里承认，他在口头上赢得了不少的辩论，但没能赢得顾客。他后来对卡耐基说："在走出人家的办公室时我总是对自己说，我总算整了那混蛋一次。我的确整了他一次，可是我什么都没能卖给他。"

所以，卡耐基面临的难题是，如何训练欧·哈里自制，避免争强好胜。欧·哈里后来成了纽约怀德汽车公司的明星推销员，他是怎么做到的？以下是他的说法："如果我现在走进顾客的办公室，而对方说：'什么？怀德卡车？不好！你送我我都不要，我要的是

何赛的卡车。’我会说：‘老兄，何赛的货色的确不错，买他们的卡车绝错不了，何赛的车是优良产品。’

“这样他就无话可说了，没有抬杠的余地。如果他说何赛的车子最好，我说没错，他只有住嘴了。他总不能在我同意他的看法后，还说一下午何赛车子最好。我们接着不再谈何赛，我就开始介绍怀德的优点。

“当年若是听到他那种话，我早就气得脸一阵红、一阵白了——我就会挑何赛的错，而我越挑剔别的车子不好，对方就越说它好。争辩越激烈，对方就越喜欢我竞争对手的产品。

“现在回忆起来，真不知道过去是怎么干推销的！以往我花了不少时间在抬杠上，现在我守口如瓶了，果然有效。”

正如明智的本杰明·富兰克林所说的：“如果你老是抬杠、反驳，也许偶尔能获胜，但那只是空洞的胜利，因为你永远都得不到对方的好感。”

一个人要想赢在未来，必然要忍受生活中各种不公平的待遇，各种不公平的事。降低自己的心气，把自己看得更卑微一点，这样就不容易负气了。一个能在未来活得潇洒的人，并不是因为他的运气多好、能力多强，往往是因为他能够很好地忍受委屈，接受不公平。很多时候，吞下委屈并不是逆来顺受，能顶住委屈，顾全大局，一心一意为自己的人生目标不断奋斗的人，才是真正的强者！

与过去和解，向未来进发

很多人害怕，是因为在过去经历了伤害、失败。被这些阴影笼罩，很多人都对过去的苦难心有余悸。其实，这样的害怕是不必要的。因为同样的经历，对智慧的人来讲就是经验、是教训，是迈向下一步的新台阶或垫脚石；对愚痴者来说，只不过是摧毁其生命意志的导火索罢了。

“一帆风顺”似乎只能在祝福语或者文艺作品中出现，而回归到现实，它则习惯性地和你玩藏猫猫的游戏，让你找不到它。这也可以说，我们的生命总是难以一帆风顺的，总是避免不了这样或那样的苦难。

对于有的人来说，经历过的苦难是振作自己重新寻觅方向的力量，而对于有的人来说，则是令其心有余悸的魔鬼，每当提及或者想起来，就感到沉重无比。

著名剧作家萧伯纳这样说过：“对于害怕危险的人，这个世界上总是危险的。”对曾经的困难始终无法忘怀、总是心有余悸的人来讲，再经历苦难是不堪设想的事情，因此他们也就容易畏缩不前，其生命本身也就越来越脆弱，以致最后步履维艰，难以向前迈进。

其实，曾经的苦难就像纸糊的老虎，表面上看起来吓人，实际上一捅就破，没什么真本事。过去的事情，不管是好是坏、是顺利还是坎坷，都不会再对我们的生活造成实质性的影响，很多人之所以受其影响，只不过是心理作怪罢了。

从这个角度来讲，那些对于曾经的苦难心有余悸，进而导致其对现在乃至将来的生活充满恐惧的人，其真正的敌人并不是苦难本身，而是其自身。

看到这里，如果你也感觉自己就是被“纸老虎”吓住的人群中的一位，那么请你多往好处想一想、多思考一些快乐的事，转移自己的注意力、给自己积极的心理暗示，对自己说未来会越来越好。当你的心态乐观了，那么周围的一切就真的会变得美好起来。不妨试一试。

许也敏在一家物业公司上班，不管是面对同事还是业主，她总是一副乐呵呵的表情，从来看不到她唉声叹气的时候。

杨丽是和她一起共事的同事，她看到许也敏总是这么开心，便有些好奇，忍不住问道：“姐，你每天都乐呵呵的，是不是一出生就过得很顺利，从来没有遇到过委屈事呀？”

谁知，许也敏微笑着回答说：“我从小就没有父母，是个孤儿，哪能没有委屈事呢？”

听到这里，杨丽惊讶地瞪大眼睛，张大了嘴巴。

只听许也敏继续说：“我从小生活在孤儿院。六岁那年，我第一次被人领养，可是不到一个月就被送走，因为那对夫妇的女儿不喜欢我。从六岁到十岁，我被转送过三次，最后终于在一户没有子女的老夫妇家中安定下来。我的生活安定了，可是变得很没有安全感，很害怕又突然被送走。”

“还好，你安定下来了，不幸的日子结束了。”杨丽安慰她道。

“是的，我的生活安定了。”许也敏仍然微笑着，眼睛里却涌现出一层薄雾，“可是，我却变得很没有安全感，害怕又一次被送走、害怕彻底被人遗弃。除此之外，我还害怕开车时撞车、害怕家里突然着火、害怕我的养父母突然死去，总之，每天都是紧张兮兮的。”

“怎么会这样？可是你现在这么乐观，你是怎么调整的？”杨丽问。

“这都是因为我的男朋友，”许也敏眼睛亮了起来，“我的男朋友是我的大学同学，他是一个很理性、很乐观的人，他对我说，不要让过去的不幸和委屈影响现在的情绪，他还帮我分析，我所害怕的事情所发生的可能性是非常小的。为了让我相信，他带我去爬一座很陡峭的山，我很害怕会突然摔下去，他就一直鼓励我慢慢往上爬，一定不会出事。最后，我果真顺利地爬到了山顶。慢慢地，每发生一件事，我就会往好的那方面想，而不会再像以前那样，想象自己遇到了什么麻烦。”

“看来，你是完全从过去的不幸中走出来了？”

“差不多吧。我男朋友说得对，过去的不幸就是纸老虎，看着吓人，可是轻轻一捅就破了。人活一世，谁都会遇到点儿不幸，我不能让已经过去了的不幸影响我今后的生活。”

故事中，许也敏的精神的确值得我们学习。许也敏是幸运的，在男朋友的帮助下，她得以顺利地摆脱了曾经的苦难给自己的心理造成的影响，让自己过上了积极、快乐的日子。

人的一生，难免会遇到很多痛苦，如果永远停留在痛苦中为不幸默哀的话，之后的人生应该怎么办？时间还在流逝，你要做的就是吸取经验教训，避免类似的事情再重复。原地为已经发生的事情难过，只能把大量剩余的生命浪费掉，一定要敢于放下过去，因为以后的人生还需要你自己去谱写。

在纽约市一所中学里，保罗博士曾给他的学生上过一堂难忘的课。

这个班大部分学生为以前的成绩感到不安。他们总是在交完考卷后充满了忧虑，担心自己的成绩和上次差不多或者不及格，以致影响了下一阶段的学习。

一天，保罗在实验室里讲课，他先把一瓶牛奶放在桌上之后，就沉默不语。学生们不明白这瓶牛奶与所学的课程有什么关系，只是静静地坐着，看着老师。

保罗忽然站了起来，制造了似乎在不经意间把那瓶牛奶打翻在水槽中的景象，在同学的惊讶中，看着水槽，然后抬起头看着同学们，大声喊了一句："不要为打翻的牛奶哭泣！"然后他叫学生们围拢到水槽前仔细看一看："我希望你们永远记住这个道理，牛奶已经流光了，不论你怎样后悔和抱怨，都没有办法取回一滴。要是事先想一想，加以预防，那瓶奶还可以保住，可是现在晚了，我们现在所能做到的，就是把它忘记，然后注意下一件事。"

"不要为打翻的牛奶哭泣"，这是多么有哲理的话啊！我们知道，过去的已经成为了过去，不可能再继续它的未来，但是我们的未来还在继续。

黄河一去不复返，不可逆转。执着于过去，为过去哀伤，为过去遗憾，除了劳心费神，分散精力，还让我们的大好光阴沉淀在原地后悔上，岂不是在浪费生命吗？

人生没有草稿，不能彩排。没办法重新开始，不能二次改写。站在原地后悔，是没有任何意义的，我们面对的只有前方。要想发挥自己的潜能，取得事业的成功，就必须勇于忘却过去的不幸，重新开始新的生活。正如莎士比亚所说的：聪明人永远不会坐在那里为他们的损失哀叹，却情愿去寻找办法来弥补他们的损失。

每一个被过去的苦难和伤痛所牵绊的人，其实都可以像故事中的许也敏这样用积极的、正面的心态取代消极的、负面的情绪。我们要清楚地知道，大多数负面情绪不过是对曾经的苦难而产生出来的想象，它就是一个“纸老虎”，用其凶悍的假象掩盖了一捅就破的实质。

我们必须舍弃心中那些毫无缘由的幻想，摆脱它们对我们情绪的侵扰。同时我们还要认识到，曾经的苦难虽然让人痛心，但人生本来是短暂的，通过跟苦难做斗争，可以延长和拓展它的内涵和广度。换句话说，苦难让人生变得丰富。因此，与其让痛苦成为我们心理上的负担，还不如正视它，让它拓展我们生命的深度，帮助我们体会人生百态，丰富我们的生命。

痛苦之中，也有快乐的种子

刚过而立之年的嫣雨经历了太多的不幸，也遭受了常人难以想象的苦痛。然而，这个文静、清秀的女人却永远都保持微笑。如今，命运之神似乎开始了对她的眷顾，而她也找到了属于自己的那份幸福。对于过去，嫣雨总是微微一笑，说："没什么，都过去了。对于我所有的经历，无论是痛苦还是快乐，我都同样珍惜。"

嫣雨出生于一个偏僻山区的普通农家，为了改变命运，她从小就立志要靠自己不断地拼搏和努力。辛苦读书19年，成绩优异的她终于考取了一所不错的大学。但是就在四处奔走，凑齐了学费的几天后，积劳成疾的母亲去世了，这个变故使得嫣雨不得不放弃了读大学的打算，她用瘦弱的身躯背起了简单的行李来到了北京，从此过上了一边自学一边打工的生活。

这样的日子一过就是三年，生活的辛苦、身体的病痛她都默默承受。从小就身体不好的她在这几年里严重的营养不良，居然又患上了肝病。更让她痛苦的是，与她感情深厚的男友在得知她得了严重的肝炎后居然带着她所有的积蓄弃她而去。

可是，在重重打击面前，嫣雨没有倒下，而是选择了坚强地生活下去。现在，嫣雨的肝病已经痊愈，而她也通过了某大学成教的毕业考试，并且找到了一个真正爱自己的人。两人商定，结婚的日子就是他们自己的小公司成立的日子。

每当说起这些，嫣雨没有感慨，她只是说："苦也好，甜也好，这就是生活。痛苦的积累也就是生命的意义。"

故事中的嫣雨作为一个年轻女性，曾承受过那么多的痛苦和磨难。但让我们震撼的是，她依然坚强和乐观，依然保持着对幸福的向往和追求。

可以肯定，嫣雨是对的，因为痛苦对于我们的生命来说也是一笔宝贵的财富，它与幸福和快乐一样，都值得我们珍惜。痛苦是生活不可缺少的一个部分。

曾经听过这样一句话："只有在饥饿的时候，才感觉到米饭的香甜。"其实，生活就是一个不断饥饿和对抗饥饿的过程，生活中的"饥饿"就是痛苦，因此，这句话也可以这么说："只有经历过痛苦的人，才会更珍惜现在所拥有的一切。"

米哈伊尔·罗蒙诺索夫，出生在俄国北部库尔岛上一个小渔村里。自古成功多磨难，而他的磨难是特别的多。

罗蒙诺索夫的父亲是个渔民，目不识丁，罗蒙诺索夫小时候只能跟着教堂里的执事和有文化的舒伯纳大叔识字。

不幸的是，罗蒙诺索夫的生母和第一个继母相继去世，他的第二个继母心肠很刻薄，不断阻挠罗蒙诺索夫学习，但刻苦好学的罗蒙诺索夫却还是在很困难的条件下学完了《识字课本》。

在这个荒野的渔村里，罗蒙诺索夫想要找到合适的课本很不容易。但天无绝人之路，有一天，他在邻村的杜金家发现了两本好书，可遗憾的是，小气的老杜金却不肯把书借给别人。

虽然老杜金家的两个顽皮的孩子本来同罗蒙诺索夫关系很好，这时却也为难他，对他说：要是他敢在坟地上一个人过一夜，那他才配读这些书。罗蒙诺索夫当即坚定地回答：“行！”

当晚，罗蒙诺索夫带上棉被，瞒着家人一个人到坟地上过夜去了。因为一心想着得到那两本书，他忍受着寒冷的狂风和上下窜动的瘆人磷火，在坟地里睡了一夜。

第二天，罗蒙诺索夫如愿地得到了那两本书。

很难想象，罗蒙诺索夫就是在这样的艰难的条件下想方设法地不断学习，但他并不以此为满足，他还在不停地克服各种困难，努力寻找着获得学习的机会。

这一年，罗蒙诺索夫带上邻居借给他的三个卢布，经过一个月的长途跋涉，来到莫斯科求学。

当时，莫斯科学校是为贵族子弟开设的，不招收罗蒙诺索夫这样的贫民孩子，这对历经千辛万苦而来的罗蒙诺索夫简直是一个沉重的打击，可他并没有因此而绝望，而是想办法让自己成功入学。

幸运的是，学校的教务主任瓦尔诺索夫神父很正直又很有学问，当他得知罗蒙诺索夫想来上学时，就让他背诵一首赞美诗。

听完罗蒙诺索夫的背诵，神父惊喜地说道：“这样优秀的学生，在我们学校还不多呢！”

神父一见这位少年如此渴望学习，决定向校长撒谎说罗蒙诺索夫是贵族出身，以帮助他进入学校。罗蒙诺索夫终于如愿进入了这所莫斯科最有名的学校。但是其他困难也随之而来。

由于罗蒙诺索夫的个子比一般的学生高出许多，加上穿的衣服很破旧，样子又土头土脑，那些披着羊皮袄的贵族子弟便时常拿他开心，并给他编了一个顺口溜：“大个子，大傻瓜，大头大脑大嘴巴……”

其实，这些对罗蒙诺索夫来说还算是小事，他最难熬的还是饥饿，父亲不负担他的生活费用，一块面包加一杯饮料常常就是他一天的口粮。

但就是这个被贵族子弟称为“大傻瓜”的罗蒙诺索夫，却在忍饥挨饿的困苦状态下，排除一切干扰，刻苦学习，在第一学年就完成了三年的课程，一下子升入了四年级。

罗蒙诺索夫在这所学校共学习了五年，以优异的成绩毕业，又被派送到彼得堡最高学府——彼得堡科学院深造，最终成为举世闻名的化学家。

生活原本如一张白纸，但有了痛苦的导演，生活成了一部悲欢离合、情节生动的戏剧。痛苦赋予我们艰辛和烦恼，赋予我们无助和忧伤，同时也赋予我们过五关斩六将的豪情壮志，以及“长风破浪会有时，直挂云帆济沧海”的坚定信念。

但是很多人没有这样幸运，能够在痛苦之后去珍惜现在所拥有的一切，原因就在于他们根本没有办法去理解所谓的痛苦，根本没有经历过真正的痛苦，即便是经历过了，那也仅仅是把它当成是魔鬼而已，不敢靠近，不敢接受。生活离不开痛苦，正如“不经历风雨，怎能见彩虹”；又如不经过砥砺的刀，就永远不会成为一把锋利而透着寒光的利刃。

是啊，面对海蚌体内璀璨的珍珠，我们只是伸手拾之；面对参天大树，我们只是不住地摇头啧啧表示赞叹，然而谁会想到它们曾如何坚韧地忍受剧痛，如何同风雨作战！记得冰心说过这样一句话：“成功的花，人们只惊羡它现实的明艳，然而当初的芽儿浸透了奋斗的泪泉，洒遍了牺牲的血雨。”一段美好的生活，就应是一场艰难的奋斗史，因为只有不畏险峰的攀登者，不畏巨浪的弄潮儿，才能登上高峰采得仙草，深入海底觅得丽珠！

在人生的旅途中，如果一个人做事总是一帆风顺，那么他就会极易安于现状，从而失去了斗志。但当一个人遭受苦难之际，为了摆脱厄运，他会调动起全身心的潜在能力去创造和反抗，从而有所成就。所以，成功的获得往往是源于苦难。

或许我们不能像这个樵夫一样豁达；或许我们在失去自己心爱的东西之后会伤心欲绝；或许我们在经历痛苦的时候会选择逃避……但是无论如何，痛苦是生活中一个不可缺少的部分，这些经历过的痛苦和痛苦，是你的一笔财富，一种收获。

只有在你痛苦和难过的时候，你才会发现一些不起眼的东西、平常的东西，此时是多么的可贵和难得。更为可贵的是在你经历了痛苦的时候你会发现只要挺住了这些痛苦，命运之门就会向你打开。

不经失败，何谈成功

伊凡生于西西里岛，在他13岁的时候，由于生活窘迫，父母只好带他来到美国，希望在这儿能找到好运。

在读完高中以后，伊凡便离开学校和家庭自己独立谋生了。他的第一份工作是在裁缝店里做学徒。工作很辛苦，薪水也比较低，但是他却干得很卖力。老板见这个小伙子人机灵又能干，于是也很用心地向他传授手艺，让他独当一面。由于他待人热情，手艺又出众，有的人专门从很远的地方跑来找他做衣服。

又过了几年，他用所有积蓄还有从父母那里筹到的一些钱开了一家很小的店铺。由于以前的一些老顾客主动上门，再加上自己很努力，生意很快步入正轨，生活也有所改善。但是正当伊凡高兴之时，一场灾难降临了。由于店里电路短路，导致电器失火，由于店铺里多是易燃品，所以火势很快蔓延开来，在大火中，店铺的东西一下烧了个精光。

就这样，伊凡辛辛苦苦的努力一下付之东流，他又变得一贫如洗。为了生活，他不得不又去别人的裁缝店打工。打工的工资很低，全家人没有其他经济来源，只好依靠他那点可怜的工资生活，日子如以前一样很清苦。

又过了一段时间，他在积攒了一些钱之后，又打算开一个店铺。他找到了几个合伙人，一起租下了一个店面。这次他开的是礼服店，专门给别人定制礼服，有时还从外面买进一些很高档的成品。那几个合伙人负责跑市场，而店里的事完全交由他来打理。由于大家同心合力，很快生意有了点起色。但是，厄运又一次降临了，一个晚上，一伙盗贼“光顾”了这里，店里的衣物被盗窃一空。其他几个合伙人都埋怨伊凡的疏忽，几个人还为此吵了一架，一怒之下，他们撤了资。

伊凡现在又一无所有了，因为当时他只负责管理，其他的资金几乎都是合伙人出的。没有办法，他只好再次给别人打工，一切从头开始。

等他的生活稍稍有点起色之后，想开店的念头又在他的头脑里萌动了起来。这回他找到了几个弟弟，和他们一起合作开店。他们卖掉了家里所有值钱的东西，然后又找亲戚借了一点钱，开了一间礼服店。

为了衣服的式样能够与众不同，他们往往要跑好多地方去挑选货物。后来伊凡想到自己还可以替别人做衣服，因为以前他做的衣服别人都很喜欢，而且这样还可以很快地赚到一些钱，然后再拿去进一点高档的礼服，事实证明，这个办法起到了很大的作用。

后来，伊凡又研究如何设计、如何制作新款式衣服，并按照自己的想法实施，事实同样证明伊凡设计的新款式衣服得到了人们的认同和青睐。店里的生意越来越好，后来又开设了几家分店，逐渐成为这个行业里的翘楚。

当有人问伊凡是什么力量促使他屡败屡战时，他说：“我知道，自己的梦自己圆，你只要想做事凡事就要靠自己。”

失败就像一条河，不怕河中的滔天巨浪，不怕在渡河中被淹死，才可能游到成功的彼岸。人们赞美游到彼岸的成功英雄，却容易忘记在失败的大河中奋力挣扎的人们。

医学家乔纳斯·索尔克博士为人类攻克脊髓灰质炎做出了重要的贡献。但是，他的成功来之不易，是经过201次试验才研制出了预防脊髓灰质炎的疫苗。当人们问他是如何面对之前的200次失败时，索尔克博士是这样回答的：

“我这一生中从来没有经历过200次失败。在我的字典里面，从来没有‘失败’这个词汇。那200次你们所谓的‘失败’只是我的尝试。经过不断地尝试，我增加了自己的经验，学到了更多的知识。实际上，我只是做了201次发现而已。没有前200次的尝试，就不可能有现在的成果。”

索尔克博士对于“失败”的见解，值得我们每一个人学习。失败并没有想象中那么可怕，它只是为我们关闭了一条不能通向成功的道路而已。可是，很多人却依然忌惮于失败的淫威，而不敢放开自己的手脚，积极地为自己的成功而奋斗。

英国的索冉指出：“失败不该成为颓丧、失志的原因，应该成为新鲜的刺激。”唯一避免犯错的方法是什么事都不做。有些错误确实会造成严重的影响，所谓“一失足成千古恨，再回头已是百年身”。然而，“失败为成功之母”，没有失败，没有挫折，就无法成就伟大的事。

所以，千万不要被失败的体验所定格。积极地去面对生活中的每次挫折吧，因为这对我们来说也是一笔人生的财富。生活本来就是丰富多彩的，事物的发展也是相辅相成的。“有无相生，难易相成，长短相较，高下相倾，音声相和，前后相随。”当我们试着以一种包容的眼光去看待这一切时，我们就不会使自己沉浸在失败的痛苦之中，而会以一种更加平和、更加光明的心态去积极地品尝失败的滋味，去感受生活的循环往复。

日本大企业家松下幸之助对此理念阐述得最透彻，他说：“跌倒了就要站起来，而且更要往前走。跌倒了站起来只是半个人，站起来后再往前走才是完整的人。”

日本三洋电机公司顾问后藤清一，曾在松下电器公司担任厂长，当时松下幸之助就给了他最好的教育机会。有一天，日本遭逢有史以来最狂暴的台风，虽无人员伤亡，但工厂却几近全毁。后藤心想：好不容易迁到新厂，正想全力生产、大干特干时，却遭此打击，老板心理上一定很沮丧吧！

松下是在台风即将停止之前赶到工厂的，此时恰逢松下夫人因身体不适而住院，他是探病后赶来的。

“报告老板，不得了了，工厂遭逢巨变，损失惨重！我来当向导，请巡视工厂一趟吧！”

“不必了，不要紧，不要紧。”

大家听老板这样说，你看看我，我看看你，都愣住了。

松下并没有惊慌失措的神情，而是显得十分镇定、从容。

“不要紧，不要紧。后藤君，跌倒就应爬起来。婴儿若不跌倒也就永远学不会走路。孩子也是，跌倒了就应立即站起来，嚎哭是没有用的，不是吗？”

一个人要有所成，有所大成，就必须忍受失败的折磨，在失败中锻炼自己、丰富自己、完善自己，使自己更强大、更稳健。这样，才可以水到渠成地走向成功。我们常说：“胜败乃兵家常事，因此要胜勿骄，败勿馁。”而更重要的是要经得起挫折，重整旗鼓，开辟人生的另一个战场。

俗话说：“山不转，路转；路不转，人转。”我国古书《易经》上也说：“穷则变，变则通。”《圣经》上也有这样的记载：“上帝关了这扇窗，必会为你开启一道门。”的确，天无绝人之路，上天总会给有心人一个反败为胜的机会。

如果你还未曾失败过，你也许习惯于一种懒散的状态，随波逐流，几乎不想或不愿去冒险、去挑战，以免让自己品尝到失败的滋味。这将会使你失去可贵的进取心。你或许在学习和爱情上有过较小的挫折，但这不是一种刻骨铭心的失败，你对此可能不会留有深刻的印象。可以这么说：几乎每个人都拥有相等的机会。

没有一个人命中注定要过一种失败的生活，也没有一个人命中注定会一帆风顺。机遇要靠自己去探索，去把握，去牢牢地抓住。要想成功，就要敢于冒险，敢于失败，并要有战胜失败的勇气，在失败中重生。

困境之后就是转机

成功学家尼古拉斯·B·恩克尔曼曾为学员们上过一堂别开生面的成功课。在上课之前，他告诉学员这堂课的主讲人是一位“真正的成功者”。当尼古拉斯把那位先生介绍给学员时，学员们不禁有些失望，这位所谓的“成功者”不过是个退休的老水手。他头发花白，满脸刀刻般的皱纹，靠微薄的退休金生活。如果以金钱和地位衡量，老水手确实不能算成功人士，不过谁也无法否认他是一位成功的水手。他一生中不知经历过多少生死攸关的时刻，但全都凭着自己的勇气和经验化险为夷，这样的人无疑是值得尊敬的。不管他的航海经验对学员们的成功有没有帮助，至少他们不反对听他讲讲海上的惊险历程。

当老水手谈到海上的风暴时，尼古拉斯问学员们：“假设你们就是水手，当你们的船行驶在海上，突然遇到风暴，而你们一时又找不到停靠的港湾，你们会怎么办呢？”一位学员想了想，回答说：“我会立即返航，把船头掉转一百八十度，尽量远离风暴圈，我想这应该是最安全的方法了。”

老水手听了直摇头：“这样更危险，因为你的船不可能快过风暴。掉头返航，风暴还是会追上你的船，你这么做反而延长了你和风暴接触的时间。谁都知道，在风暴圈中待的时间越长就越危险。”

另一位学员说：“那么，我把船头向左或向右转九十度，能不能偏离风暴圈呢？”

老水手还是摇头：“还是不行，以船的侧面去面对风暴，增加了与风暴圈接触的面积，很容易翻船。”

学员们再也想不出别的办法来了，于是问老水手：“既然这些办法都不行，那么你是怎么做的呢？”

老水手说：“办法只有一个，就是稳住舵轮，让你的船头迎着风暴前进！只有这样才能尽量减少与风暴接触的面积，同时由于你的船与风暴相对行驶，两者的速度相加，可以缩短与风暴圈接触的时间。你很快就会冲出风暴圈，重新看到一片阳光明媚的晴天。”

生活就像浩渺的大海，不仅有涨潮的欣慰，还有落潮的无奈，更有狂风暴雨中的千难万险。人生更是一道坎坷的旅途，不如意之事常有八九，有喜更有悲，有起也有落，无论向哪个方向行进，都不可能永远顺风顺水、风平浪静。

面对短暂的人生，要学会面对困境，不要错过人生的失意时刻，也许当生命之神把你抛入绝境时，希望就在不远的地方等待着。调整自己的心情，学会迎难而上，也许摆在你面前的，就是一片湛蓝的天！

日本的人三井公司和三菱集团两大财团之间的竞争一直很激烈。一次，三菱凭借着自己的“餐馆生产方式”使三井公司遭受到了毁灭性的打击，将竞争失败的三井公司推入了十分艰难的处境，产品全部积压，资金不能周转，要想扩大再生产几乎是不可能了。

这对于三井人来说简直是生命的低谷，天似乎就要塌下来了。在三井公司讨论解救危机对策的高级会议上，不少人主张以公司一项新技术的转让来和三菱集团做最后的较量，把现有产品以低价贱卖以筹集资金，获得喘息的机会。但是三井董事长益田寿没有采纳大家的这种意见，他坚持不出让关乎公司未来的新技术，而是选择竭尽全力挺过这一关。

当时的三菱集团因为竞争得胜，认为能和自己竞争的财团已经不复存在，开始变得不可一世，狂傲不已。在这个时候，三井公司董事长益田寿宣布三井公司停业，大量裁减人员，只留下了原来的1/10，同时还故意告知新闻界：三井公司将要改变经营方向，甚至还透露一些消息说三菱集团将成为这个行业的龙头老大。

三菱集团不知是计，误以为三井公司已经垮台，自己已经在竞争中获得了全胜，从而放心地以独家垄断经营为基础，大大提高产品的价格。然而就在此时，三井公司的新产品投产试验成功，大批涌入市场，很快就成为抢手货，而且价格还略低于三菱集团的产品价格。几乎是在一周之内，三菱集团产品全部滞销，只好承认在这项产品竞争中失败。

三井公司在总结自己公司东山再起、反败为胜的经验时，上下一致普遍认为：这次反败为胜的成功不仅仅是董事长益田寿运用了攻其无备、麻痹对手的决策，更是整个三井公司的人挺住了低谷的黑暗，坚信总有一天成功的辉煌是属于自己的。

所以，无论在多大的困境面前，都不要放弃希望。**想要不甘平凡，就要付出别人不愿付出的努力，**在还有希望的时候绝不放弃，而是解决一个个难题，挑战一次次极限。

高考时因为语文差了一分，唐骏和自己心仪的大学失之交臂，去了当时并不出名的北京邮电大学。由于学校和专业自己都不喜欢，不满、自暴自弃的情绪一直伴随着他度过了大学3年，专业成绩中等水平都达不到。大三在中科院半导体所实习的时候，唐骏第一次看见了计算机。刹那间明白了3年的懈怠是个多大的错误。凭着自己的观察和判断，唐骏放弃了原来的物理学专业，开始攻读第二专业——光纤通信。

他用几个月的时间完成了别人4年的课程，而且还要考研。在同学看来这也许只不过是最后的疯狂，即使再努力最终结果只能是徒劳。可是考试成绩出来，所有人都大跌眼镜。在北京邮电大学的研究生考试中，唐骏获得了光纤通信第一名。

在一阵欢喜之后，唐骏怎么也高兴不起来了。因为大学前3年成绩不佳，从没有获得过“三好学生”，即使是专业第一，他的名字还是从北邮的出国名单删除了。面对打击，他没有放弃，四处打听消息，发现北京这一年一共分到75个出国名额，而这一次研究生考试英语题很难，很多人因为英语成绩没有上线而失去了升学的机会，整个北邮只有5个学生英语上线。唐骏心想其他学校肯定有一些名额用不上，这样一想，唐骏看到了希望。他找来每一所大学的联系方式，挨个儿电话去询问是否可以得到他们多余的出国留学名额。

功夫不负有心人，他在北京广播学院找到了空缺的出国名额。他亲自跑到北广，也许是被唐骏的真诚感动，那位负责的老师很快就把档案从北邮调到了北京广播学院。

可是，对唐骏而言，出国的事情依然困难重重。虽然在北广得到了出国的名额，但是已经错过了报给教育部的期限，需要自己把材料交上去。唐骏拿着介绍信，经过一番周折终于找到了教育部出国司的副司长，但是人家根本就不搭理他。唐骏在出国司的大门口足足等了两天。早晨8点，远远看着副司长来了，他赶紧打起精神，对迎面而来的副司长点头微笑："您好，你上班了啊？"下午6点，他站在大门口，紧盯着从办公室出来的人群，看到副司长，又微笑着说："您好，你下班了啊？"翻来覆去就这朴素的两句话。

副司长没想到这个年轻人有这样的毅力和决心，终于被他的真诚和快乐感动了，笑眯眯地对他说："是你啊，你等会儿，我看看你的资料。"听到这句话，唐骏的心一下子飞上了天。"我给你报上去，不过批不批就不知道了。"实际上，这位副司长掌握着出国留学的审批权。就这样，唐骏获得了去日本留学读研究生的机会，毕业后又赴美读博继续深造。

拿破仑·希尔说："平庸的理由很容易找到，但这些人看不到。换一个角度看，平庸的理由也是自己成功的理由，关键是你怎么看自己所遭遇的那些事。"很多时候，困境确实可以让意志薄弱的人陷于怨恨、消沉和灰心的情绪中不能自拔，甚至完全屈服于逆境；但对于意志坚强的人来说，逆境会激励他们，让他们有所作为，正所谓"艰难困苦，玉汝于成"，只有面对困境时不气馁、敢于迎难而上、奋勇当先的人，才能开辟出通往成功的道路。

第五辑

要相信，你的坚持终将美好

阳光会照耀心向光明的人

20世纪初的一个深夜，在英国斯特兰腊尔西岸的布里斯托尔湾的大洋面上，发生了一起严重的船只相撞事件。一艘名叫“洛瓦号”的小汽船，在与一艘比自己要大上十多倍的航班船相撞之后沉没，当时船上有104人，发生事故后有11名乘务员和14名旅客下落不明。

在这艘小汽船上，有一个叫做弗朗哥·马金纳的艾利森国际保险公司的督察官，事故发生时，他从下沉的船身中被抛了出来，在黑色的波浪中挣扎。当时他心里面想的只有为什么救生船还不来。就在他觉得自己已经奄奄一息时，附近的呼救声、哭喊声，也似乎渐渐地低了下来，苍穹下是死一般的沉寂，似乎周围所有的生命，都已经被浪头所吞没。

突然，就在这令人不安的寂静中，竟出人意料地传来了一阵优美的歌声。那是一个女人的声音，在这种情况之下，她的歌声竟然没有丝毫的走调和一丁点的颤音，就像是在面对着客厅里众多的来宾在进行表演一样。

马金纳静下心来倾听着这优美的声音，感觉自己的力气恢复了一些，寒冷和疲劳刹那间不知飞向了何处。他循着歌声，努力地朝那个方向游去。当他靠近之后，看到那里浮着一根很大的圆木，几个女人正努力地抱住它，而唱歌的人就在其中，她是个十分年轻的姑娘，大浪不停地打下来，她却仍然镇定自若地唱着自己的歌。

在等待救生船到来的这段时间里，为了让其他妇女不丧失体力和信心，不致因寒冷和失神而放开那根圆木头，这个年轻的姑娘用自己镇定优美的歌声，给予了她们精神上的力量，就像马金纳循着歌声游靠过来一样，一艘小船也以那优美的歌声为导航，终于穿过重重黑暗驶了过来，马金纳、唱歌的姑娘，还有其余的几位妇女，全都被救了上来。

伏尔泰说："人类最可宝贵的财富是希望，希望减轻了我们的苦恼，为我们在享受当前的乐趣中描绘出来日乐趣的远景。如果人类不幸到目光只限于考虑当前，那么人就会不再去播种，不再去建筑，不再去种植，人对什么也不准备了，从而在这尘世的享受中，人就会缺少一切。"

其实，一个人可以失掉这一件东西或那一件东西，无论如何，不能失掉和放弃生活的希望，不能失去战胜困境的自信心，**要坚信只要坚持不放弃，一切困难和险阻终究会被战胜**。

世界著名的高空走钢索表演家卡尔·华伦达曾说："走钢索才是我的人生，其他都是等待。"在这种态度的指导下，他完成了一次又一次高难度的表演。然而1978年，在波多黎各表演时，他却从高空坠地身亡。人们对于大师的失误感到不可理解，直到他的妻子道出其中的原因：在表演开始的3个月前，华伦达开始怀疑自己的能力，他经常对自己说："如果掉下去了怎么办？"他还不止一次地向妻子表示出这种忧虑。

正是在这种不断的消极自我暗示下，华伦达失去了之前积累起来的信心。结果，他就在内心充满怀疑、恐惧的情况下从钢索上面掉了下来。

自卑心理一旦形成，不仅会影响人的人际交往，还会限制他们能力的发展和潜能的开发。一个没有自信心的人，是很难有所作为的。而经历的失败与挫折，又会不断加重他们的自卑心理。一个人如果被消极的自我暗示所控制，那么，他的人生轨迹必然陷入恶性循环之中。

针对这种情况，越来越多的心理学家开始提倡积极的心理暗示。它要求人们与自己内心深处的消极情绪作斗争，并通过每天对自己积极暗示，来逐步清理自卑感。根据“吸引力法则”，人的思想就像是一块磁石，它会吸引与它相同的或者类似的思想与事物。消极的思想会吸引消极的情绪与行为，积极的思想定会吸引积极的情绪与行为。

塞蒙顿医生是一位专门治疗晚期癌症病人的专科医生，他提起有一次治疗一位61岁喉癌病人的经过。当时，这名病人因为病情的影响，体重大幅下降，瘦到只有98磅（约合44公斤），癌细胞的扩散使得他无法进食。

塞蒙顿医生告诉这位患者，自己将会尽全力为他诊治，帮助他对抗恶疾。同时，每天将治疗进度详细地告诉他，并清楚地讲述医疗小组治疗的情形，及他体内对治疗的反应，这使病人对病情得以充分了解，并缓解不安的情绪努力与医护人员合作。

结果治疗情形好得出奇。塞蒙顿医生认为这名患者实在是个理想的病人，因为他对医生的嘱咐完全配合，使得治疗过程进行得十分顺利。塞蒙顿医生教这名病人运用想象力，想象她体内的白血球大军如何与顽固的癌细胞对抗，并最后战胜癌细胞的情景。结果两个星期之后，医疗小组果然抑制了癌细胞的破坏性，成功地战胜了癌症。对这个杰出的治疗成果，就连塞蒙顿医生也感到十分惊讶。

其实塞蒙顿医生是因为运用了心理疗法来治疗这名癌症病人，才获得了如此成功的疗效。他对患者说："你对自己的生命拥有比你想象的更多的主宰权，即使是像癌症这么难缠的恶疾，也能在你的掌握中。"他继续说："事实上，你可以运用这种心灵的力量，来决定你的生或死。甚至，如果你选择活下去，你还可以决定要什么样的生命品质。"

希望永远都不会消失，只要心中怀着对美好的向往，总有一天，你的愿望就会变成现实。

英国著名的理论物理学家霍金在21岁时得了肌肉萎缩症，以至于他的后半生都要在轮椅上度过。当人们询问他是如何战胜疾病的折磨，最终取得成功时，他说，在他住院的时候，他对面的一个小男孩死于白血病。这让他觉得自己的病其实并不算严重，至少自己还有生命。所以，每当自己灰心丧气时，他就会以此来鼓励自己。在这种积极的自我暗示中，霍金成为了可以和牛顿、爱因斯坦比肩的科学巨人。

通过与别人的比较来进行积极的自我暗示，这不失为一种积极的方法。但是，在现实中，通过与别人的比较，人们获得的更多的是消极情绪，因为人们往往将自己的眼光放在了别人的优点之上。

求人不如求己。对于大多数人来说，找到一个具有普遍性的积极自我暗示的方法，无疑意义更为重大。这里，我们将简要介绍一种运用自我暗示建立自信的方法。

第一步，自己要坚信自己有能力达成预定的目标。为此，我们应该坚持不懈，不为外界的压力所干扰。

第二步，自己要相信积极的思想会结出积极的果实。因此，自己应该抽出一定的时间来进行冥想，想想自己成功时的样子。

第三步，自己要充分相信自我暗示的积极作用。

第四步，写下自己的目标，并且大声地读给自己听。

这四个步骤，每一个步骤都是一种积极的自我暗示。通过这种集中的、强化式的自我暗示，我们可以充分刺激自己的潜意识，从而使自己在日后不知不觉地将自己的信心外化为行动。

经历了上面四个步骤，我们还需要完成最后一步，即深化自己对财富、地位等身外之物的认识。只有认识到“贵以身为天下”“爱以身为天下”的玄妙，我们才可以自由地支配事物，才会建立起经得起考验的自信心。

阳光会照耀心向光明的人。如果你总是以消极的思想来暗示自我，那么你的生活必定是灰暗的；如果你学会以积极的思想进行自我暗示，那么你不但可以建立起牢固的自信心，还可以收获美好的生活。

那些"惦记"会拖垮你

在战乱之后，一个农夫和一个商人在街上走着，他们发现了一大堆烧焦的羊毛。两个人一人一半，捆起来背在自己的背上。

他们接着走。走着走着，前面出现了一些布匹。农夫把羊毛扔掉，挑了一些比较好的布匹，只拿了自己能搬得动的量，其他的都扔在了一边。而商人把剩下的布匹，还有农夫扔掉的羊毛，通通背在了自己的背上。沉重的负担使他步履艰难，气喘吁吁。

走了没多久，他们又发现了一些银制的餐具。农民扔掉布匹，捡了些餐具背起来走了。商人想把剩下的银餐具捡起来，可沉重的羊毛和布匹把他压得没办法弯腰，只好接着往前走。

天下起雨来，商人淋着雨在泥泞的路上走着，又冷又饿又累，他的羊毛和布匹被雨打湿，变得更加沉重，他不堪重负，最后摔倒在泥水里。而农民轻轻松松走回了家，他变卖了银餐具，过上了富足的日子。

有这么一种人，在他们眼里，什么东西都是不可割舍的。他们往往在背着一个巨大的包袱过日子，这也放不下，那也放不下。他觉得自己把所有的东西都攥在了手里，可实际上，却是他们自己被这些东西绊住。

通向成功的道路上往往充满着艰辛，如果有个沉重的包袱拖累，那就更是举步维艰了。殊不知，如果放下心中那种种的惦记，轻装前行，反倒更容易成功。

当大多数年轻人在为生活、为实现自我价值而努力奔波，被房贷、车贷压得透不过气，为梦想与现实的距离而茫然、苦恼时，不足30岁的查哈尔已经成为身价3.4亿美元的世界上最年轻的亿万富豪之一了。

小时候，查哈尔也像所有的男孩子一样崇拜并喜欢模仿自己的父亲，他的父亲是一个对万事都比较感兴趣而且乐于行动的人，在这一点上查哈尔像极了他的父亲。16岁那年查哈尔开始效仿一些企业成功案例，在自己的卧室中创立了一家互联网广告公司。

公司成立之后，收益还算可观，为此查哈尔非常渴望自己能够有充足的时间来经营这家公司，可是他才刚刚17岁，他的学业还没有完成，但这对查哈尔来讲已经不那么重要了，和自主创业相比，学习的漫长过程成为阻碍查哈尔发展的障碍，为此他自主退学了。之后，他开始经营自己的公司，他的第一个客户是搜信公司。

搜信是一家类似谷歌的搜索引擎，当时该公司正设法增加网站的流量。为此，查哈尔满怀信心地向搜信CEO保证："如果你给我一个30万美元的订单，我可以按照1个点击1美元的价格替你增加流量。"之后，查哈尔做到了，当然他也成功地获得了30万美元的支票。两年后，查哈尔的公司扩充到34人。为此查哈尔不得不抽出时间去管理公司，这就大大缩短了他发现其他赢利点的时间，为了摆脱公司发展给他带来的负担，2000年，查哈尔以4000万美元的价格把自己的公司卖给了一家网络广告公司。

将公司卖出后，查哈尔并没有全身而退，相反他选择了在这家公司打工，担任高层管理者。18个月后，这家公司在纳斯达克上市，查哈尔也因此成为纳斯达克上市公司中最年轻的高管。

在谈到自己的第一家公司时，查哈尔曾说："这无疑是一个正确的选择，它使我收获颇多。假如我不这样做，我不可能获得现在的成功。"

在这家公司效力了一段时间后，22岁的查哈尔与亚当斯街投资公司和三一风险投资合作创办了自己的第二家网络广告公司——蓝锂。蓝锂最初成立时拥有120名员工，公司主要通过跟踪消费者的网络行为，对网民的访问习惯进行跟踪、分析，从而为广告客户提供更具针对性的广告宣传。

在查哈尔的领导下，蓝锂连续3年被评为美国100强民营企业之一，在蓝锂成立3年半后，已经发展成了拥有1000个网站、1200名员工的公司。蓝锂的市场份额和发展潜质很快被雅虎看好，而查哈尔同时也看到了企业做得越大负担就会越沉重，如果自己继续做下去，首先不管公司赢利多少，自己在各个方面都必定是被动的，为此在2007年10月15日，查哈尔欣然将公司以3亿美元的价格卖给雅虎。

一而再地放弃自己创办的公司，这对别人来讲或是很难做出决定的选择，可是查哈尔却做到了，也正是因为他在每一次的小有成就后都能成功地卸下身上的重担，总是能够轻松自如地选择自己想要做的事情。

王小强在20世纪80年代中期创办了一家服装厂，正赶上发展的好时候，那几年结结实实赚了不少钱，等到20世纪末，他的服装厂规模已经非常大了，但利润却逐年下降，几乎到了入不敷出的地步，原因是服装市场的竞争越来越厉害，而服装厂生产的服装已经跟不上时代潮流了。经过几天的反复琢磨，王小强决定破釜沉舟，大干一场。他不顾妻儿的反对，取出了所有的存款，然后召开了全厂职工大会，会上他果断地宣布停止现有服装样式的生产，请设计人员重新设计样式，全厂职工都可以提出自己的想法，设计被采纳的人，可获重奖，他沉重地说："这是我们最后的机会了，我拿出自己的全部存款搞设计，如果失败了，我就是一个一无所有的穷光蛋，而你们也将失业。但如果成功了，我就会按功行赏，你们的生活也就有了保障。成败在此一举，大家一起努力吧！"

这件事使全厂上下都振奋起来，采购人员买来了市面上能找到的所有款式的服装，设计人员不分昼夜搞设计，职工纷纷提出自己的意见，从样式、布料，再到裁剪，给设计人员提供了不少灵感，有时一天竟拿出20多套设计方案，一些职工还自发地跑上街头搞调研，看现在的人究竟喜欢什么样的款式。而厂里的业务员更是拼尽全力拉客户。33天后，一批新款服装设计完成了，一些客户已经开始订货了，厂里的工人又开始加班加点生产服装……结果这些服装一上市就受到了顾客好评：款式美观，质量好，价格适中。订货的客商像潮水一样涌来，王小强的服装厂又复活了。

我们不得不佩服王小强的勇气和胆识，工厂陷入困境时，他本可以关闭工厂，遣散工人，这样做他还可以保住自己的存款，虽然失去了工厂，但一辈子还是可以衣食无忧。但他却不顾家人的反对，彻底断了自己的后路，跟员工一道为工厂的未来而努力奋斗，最终取得了辉煌的胜利。其实把自己推向绝路并不代表必死无疑，不给自己留下退路，就没有了多余的顾虑，必将勇敢前行。人在面临危险、绝望之际，往往会爆发一股无穷大的威力，因此会取得出人意料的成功。

俗话说“置之死地而后生”，意思就是：斩断自己的后路，让自己陷入绝境中，往往可以创造出奇迹。人们为未来打拼时，总想着要给自己留条后路，进可攻，退可守。这当然是一种谨慎的做法，但是无论做了多么完全的准备，都无法保证万无一失。更多的时候，惦记的东西太多，只会拖慢前进的脚步，反倒是那些一无所有、心无挂碍、一身轻松的人能走得更快更远。

不要让你现在所拥有的一切，成为你前进的阻碍。如果有目标，那就放手一搏。把现在的一切作为资本加以利用，而不是像宝贝一样攥在手里，成为负担。有舍才有得，放下现在所惦念的，才能一心一意地向未来进发！

像弓箭手一样瞄准靶心

取得成功，实现自己的人生价值，是每一个有志者的毕生追求。然而，成功的道路并不平坦，影响成功的因素也多种多样、不一而足。有些人可以目不斜视，紧紧盯住远方的灯塔，经过一番披荆斩棘的历练，最终到达胜利的彼岸。有些人则无法拒绝海妖优美的歌声，偏离了最初的航向，最终命丧大海。由此可见，专注于自己的目标，无疑是走向成功的一个重要因素。

《列子》里记载了这样一个故事：

飞卫是一位名声在外的神箭手。一天，一个叫纪昌的人来拜访他，想要拜他为师，学习射箭。

飞卫没有拒绝纪昌，也没有马上教他射箭，而是对他说："想学射箭，首先要把眼睛的功夫练好。你先回去练，等练到能盯着一样东西，眼睛一眨也不眨，再过来见我。"

纪昌听了，就告别飞卫，回去练眼睛。他妻子织布的时候，他就躺在织布机下面，眼睛盯着织布机那上上下下不停移动的脚踏板。就这样，他苦练了两年，就算有人用锥子作势要扎他的眼睛，他也能把双眼睁得圆圆的，不眨一下。他觉得是时候去找老师学习射箭了，于是收拾行装，去找飞卫。

见了飞卫之后，纪昌把他练习的过程和成果统统汇报。飞卫听了点点头，说："不错，可是还不够，眼睛的功夫还是要继续练的。你先回去，等练到能把特别小的东西看得特别大的时候，再来找我吧。"

于是，纪昌回去接着练起来。他捉住一只虱子，用一根特别细的牦牛毛把它缚住，挂在自家的窗口，每天不间断地盯着那只虱子，目不转睛。时间一天天过去，纪昌觉得那只虱子好像看起来变大了一些。他仿佛看到了希望，继续坚持不断地看着那只虱子，就这样天天看着，一下子就看了三年。这时，那只虱子在他的眼里已经有车轮那样大。当他再看别的东西时，那些东西都变得特别大，甚至像一座山丘。于是，纪昌拿出用燕地的牛角装饰的宫，用北方的篷竹当箭杆，射向那只挂在窗口的蚊子。结果箭正好从虱子的正中心穿过，而栓虱子的牦牛毛却完好无损。

于是他连忙跑去找飞卫，把自己练眼睛的成果告诉他。

飞卫很高兴，走到纪昌身边，向他祝贺道："恭喜你！射箭最重要的功夫，你已经练成了！"

于是，飞卫开始叫纪昌拉弓射箭。纪昌在飞卫身边刻苦学习，最终成为一名百发百中的神箭手。

把眼光集中到要瞄准射击的目标上，专心致志，不受其他任何事物的干扰，直到眼睛里只有目标的存在——这就是射箭的诀窍。

所谓"专注"，就是集中精力、全神贯注、专心致志。它要求人们能够排除外界所有的干扰，一心一意地将一件事情做到极致。只有将自己有限的精力投入一件事情或者一个目标之中，才能发挥出自己最大的能量。这就好比放大镜，只有将太阳的热量集中到一点，才能使其产生出最大的能量。

当人们询问巴菲特，为什么他每次都可以把握住很好的投资时机时，巴菲特将自己的成功秘诀归结为了两个字“专注”。施罗德曾经这样评价巴菲特的专注，他说：“他除了关注商业活动之外，几乎对其他的一切，如艺术、文学、科学、旅行、建筑等都充耳不闻。正是由于他的专注，他才能精力充沛地去追寻自己的梦想。”

是的，“术业有专攻”。随着知识的不断增加，一个人已经没有能力做到所谓的“全才”。而巴菲特也无意做到这一点，他只知道紧紧盯住自己的梦想，关注一切能够实现自己梦想的信息。这并不是说说就能做到的。

在巴菲特很小的时候，他就对财富产生了痴迷的兴趣，经常随身携带自己心爱的自动换币器。在他10岁，父亲打算带他出去旅行时，他便要求参观纽约证券交易所。之后，当他读到《赚1000美元的1000种方法》时，他更是坚定了自己的财富梦想，对朋友宣称要在35岁之前成为百万富翁。要知道，在1941年美国大萧条时期，能够说出这样的话，是要具有多大的胆识。然而，巴菲特并没有食言，他通过自己的专注，通过自己的努力，不仅仅成为了百万富翁，而且成为了世界上最富有的人之一。

1991年巴菲特和盖茨同时参加了一个派对。当盖茨的父亲问到一个人一生中最重要的是什么时？巴菲特和盖茨不约而同地回答，是“专注”。

英雄所见略同。一个专注的人，往往能够把自己的时间、精力和智慧凝聚到所要做的事情之上，以此最大限度地调动起自己的主动性、积极性和创造力，从而努力实现自己的目标。尤其是当遇到诱惑、挫折的时候，能够坚定自己的意志，不轻易动摇，直到取得最后的成功。

“幸福的家庭总是相似的”。同理，取得成功的人，他们之间总有某些相似的特质。而专注就是其中突出的一项。唯有专注，一个人才能完全激发起自己潜在的能量，为自己的目标找到成功的途径。

阿基米德是古希腊著名的学者，他十分痴迷于物理学和数学的研究。一次，他接到了国王下达的一项命令，要求他检测国王新定制的纯金王冠中是否夹杂了白银。一开始，阿基米德毫无头绪，不知道如何测试。因为之前通过重量的测定，已经发现王冠和之前交给工匠的纯金重量相等。该寻找怎样的方法来测定呢？阿基米德陷入了深深的沉思中。在之后的日子里，阿基米德一直被这个问题所困扰。

一天，他来到公共浴室洗澡。当他坐进澡盆时，看到水往外溢，同时感到自己的身体被轻轻地托起。阿基米德突然领悟到可以通过测定固体在水中排水量的方法，来确定金冠的比重。他兴奋地跳出澡盆，连衣服都顾不得穿上就跑了出去，边跑边嚷：“我知道了，我知道了！”

就这样，阿基米德通过自己持续思考和探索发现了流体力学的基本原理。

巴尔扎克在文学创作的过程中，也会在不自不觉之中沉浸在自己的文学作品中。一次，一个朋友去拜访巴尔扎克。当这位朋友准备敲门时，突然听到巴尔扎克在房间里面与人激烈地争吵：“你这恶棍，一定要给你点厉害瞧瞧！”听到这里，朋友马上冲进房间，结果发现巴尔扎克原来是在和自己作品中的人物争吵。

还有一次，巴克扎克突然走到一位朋友面前，激动地痛斥说：

“你，是你，使这个不幸的少女自杀了！”朋友一听此言，不知所措，惊慌不已。之后才知道，原来巴尔扎克嘴里所说的少女，是他正在创作的小说《欧也妮·葛朗台》中的女主人公欧也妮。

“用志不分，乃凝于神。”专注已经成为了成功者所达到的一种精神，一种境界。当罗马士兵攻破叙拉古城，出现在阿基米德面前时，他正专心致志地坐在沙土前面研究几何问题。面对手持利剑的罗马士兵，阿基米德只是淡淡地对他们说了下面的一句话：

“请慢点动手，让我做完这道题。”

犯错不代表前功尽弃

已过而立之年的杰克一直没找到理想的对象，当他听说有一家新开的很特别的婚介所开张后，便马上去应征。

杰克走进婚介所之后，发现里面还有两扇门，一扇门上写着"美丽"，另一扇门上写着"不美丽"。他毫不犹豫地推开标着"美丽"字样的那扇门走了进去，接着他又连续推开了标着"年轻""温柔""高雅"等字样的门。

可是，当杰克推到第十扇门的时候，他看见那道门上赫然写着这么一行字：对不起，您追求的对象过于完美，您还是到天上去找吧。

追求完美是做事的终极目标，但完美的事物也许根本就不存在。每个人都有他的不足之处，只要做事，难免会犯错误。不要害怕犯错，犯错有时候并非坏事。只要善于从错误中积累经验，不再犯同样的错误就可以了。有些人畏惧错误，因为他们并没有理解错误的真正含义。错误并不等于失败，只要能在错误中学到教训，错误就只是成功路上的一个小插曲。

陈小风毕业后来到一家进出口贸易公司上班，不仅要和国内的厂商打交道，还要常常与外商沟通。但因为是新人，老板交代的任务都比较明确，他也能比较好地完成。虽然犯了一些小错误，但他并没有灰心，而是不断总结经验和教训，工作能力有了很大的提高。老板非常欣赏他。

两年后，老板放宽了给他的权限，让他尽管去联系厂商，可以自行确定商品的价位以及决定最后给外商的价格。

得到了更大的权限，反而让他踌躇不前。这段时间，陈小风将目光转向非洲一个新兴市场，可是他始终不能对商品进行准确定位，主要是担心自己会犯错误，因为他的一个错误可能会给公司带来很大的损失。老板鼓励他："这是一个新市场，大胆干，不要怕。"

陈小风得到了老板的支持，放下了怕犯错误的想法，开始全身心投入市场中。虽然，刚开始的几笔单子的确没有让公司盈利，但是几个回合下来却掌握了市场的脉搏，也找到了需求，市场终于被顺利打开。

有的人做具体事可以，让他负责任，就有些胆怯，怕犯错误，怕出丑怕丢人，犹豫不决。陈小风开始时就是这种想法。他总结了经验和教训，从错误中得到有价值的东西，思维也得到了开拓，终于取得了应有的业绩。可见，只要我们能够正确认识错误，错误就会变成一件有意义的事情，变成我们通往成功的踏脚石。

害怕犯错误的人，其实是没有安全感的人。他们害怕打破以往的规矩和现状，害怕打破曾经取得的成功经验，认为保持现状才是最安全的，他们不想把自己带入一个不确定的世界，在他们看来，与其承担更大的失败风险，还不如在既定的轨道上运行。

错误是理性思考必要的副产品，它可以告诉我们什么时候该转变方向，教会我们下一次该如何改正。也如当头棒喝，给我们一个警告，让我们谨慎行事，不再犯同样的错误，从错误中我们可以获得经验教训以及新的希望。

德国奔驰制造公司招聘员工，筛选入围的应聘者，老板亲自面试。最后，老板问了大家这样一个问题：在以往的工作中，你犯过多少次错误？为什么犯这样的错误？很多应聘者为了给老板留下一个好印象，都回答说很少犯错。只有一个年轻人说自己经常犯错，犯过的最大错误是他想改进一个步骤，结果把一台机床给损坏了，弄得自己被扫地出门。

最后的结果是，老板决定录用那个经常犯错的年轻人。老板说，这个年轻人敢于犯错，而且能承认错误，并能从中吸取教训。年轻人进入工作后，果然表现出很强的创新精神，为公司创造出了很大的业绩。

德国奔驰制造公司老板的想法确实异于常人，识人的能力也可以说独具慧眼。人不犯错误的情况只有两种，要么是说假话，要么是安于现状不思进取。这两种都是公司不欢迎的。古语说："人非圣贤孰能无过。"一个不尝试创新的员工，一定错误很少，责任很小，得到晋升的机会也一定很小。反之，那些敢于开拓，敢于尝试的人，虽然难免会在尝试的过程中出错，但他们往往能取得更大的成果，为企业、为社会创造更大的价值。

吉姆·伯克晋升为约翰森公司新产品部主任后的第一件事，就是要开发研制一种儿童使用的胸部按摩器，然而，这种产品的试制失败了，伯克心想这下完了，可能只好卷铺盖走人了。

伯克被召去见公司的总裁，不过，他受到了意想不到的接待。"你就是那位试验失败者吗？"罗伯特·伍德·约翰森接着说，

“好，我倒要向你表示祝贺。虽然你犯了错误，但说明你勇于冒险，而如果缺乏这种精神，我们的公司就不会有发展了。”数年之后，伯克成了约翰森公司的总经理，他牢记着前总裁的这句话。

当出现问题的时候，如果肯从自己的身上找原因，及时改正错误，并在错误中汲取教训，那么错误就会变成一笔丰富经验、提高能力的宝贵财富，引领你登上事业的巅峰。而且，错误的价值不仅仅在于让我们吸取教训。有时候，一次不经意的错误，也许能带领我们走出常规，发现一条截然不同的新思路。

法国巴黎的一家影院正在放映一部叫《拆墙》的电影短片。由于放映员的粗心大意，使片中所表现的“一堵危墙被推倒在地”的情形在银幕上出现了相反的图像：一堵被推倒的墙，又从残垣断壁中重新竖立了起来。

这一镜头立刻引起了观众的哄堂大笑和口哨声，粗心的放映员赶忙羞红着脸关掉了电影放映机……

但是，年轻的摄影师普罗米奥却从这个在众人看来是极大错误的事件中领悟到：这种现象能不能成为一种新的拍摄技术呢？也许运用这种超常规的突破，反而能给观众带来一种全新的视觉效果！

后来，在一部叫《迪安娜在米兰的沐浴》的电影中，他有意识地运用了这种拍摄方法，观众在银幕上看到，跳水女郎的一双脚先从水里冒出来，然后倒着翻转180度，最后又轻轻松松地落到了高高的跳板上。

这种新奇的倒摄手法，立刻引来了全场观众的热烈掌声。从此以后，倒摄成了电影拍摄中的一种被普遍采用的新技术。

人无完人，每个人都可能做错事。但是，犯错并不是灭顶之灾，在错误之中，也许隐藏着宝贵的财富。如果我们愿意进一步地尝试和努力，那么原来的错误就是我们前进的阶梯，如果我们排除挫败感的干扰，在错误中找到灵感，那么错误就是成功的阶梯。但是，如果我们在挫折之后对自己的能力或“命运”产生了怀疑，滋生了失败情绪，放弃了努力，那么我们才是真的失败了。

所以，不要因为犯了错误，而放弃自己的信念。**不敢面对自己的错误和毛病，不愿意改正自己的不良言行，不敢于承担责任，隐瞒自己的错误，从错误失败中学不到东西才最可怕。**吃一堑长一智，不栽在同一个坑中，不踏进同一条错误的河流，自己的目标就有实现的可能，因为我们始终走在进步的路上。

如果你是对的，那就努力证明

在阿根廷的潘帕斯草原上，曾有人抓到了一只母狼，然后给这只母狼套上了铁锁链。为了自由，这只母狼拒绝吃抛给它的任何食物。每到晚上，它就会对着天空嚎叫，声音是那么凄凉、悲壮，周围的老牧民们听到这样的狼嚎，都忍不住流下了热泪。

母狼连续几天拒绝进食，并且连续几天在夜里长嚎。每当有人走近它的时候，它的眼里就冒出仇恨的火光。人们很可怜母狼，但没有一个人打算放了它，最后，人们杀掉了这只整整7天没有吃食物的母狼。

在即将死亡的那一刻，牧民们惊奇地发现，母狼眼睛里那仇恨的目光不见了，取而代之的是一种异常平和安详的表情。它知道艰苦的考验已经过去，自己从始至终都保持了本色，此刻，灵魂得以重获自由。

在动物界，狼是最桀骜不驯的动物，这种个性让它们成为最难驯服的动物之一。生活中，我们每个人都应该像狼一样努力去做自己，因为只有这样，才是对自己生活、命运的负责，才是对自己的最大关爱和尊重，同时，也只有这样，才最有可能创造出最美好的未来。

当面临重大人生选择时，别人的意见是要听的，但不应照单全收，也不该屈从，而需要坚信自己，要经过自己慎重的考虑，再由自己做出判断和选择。

坚信自己首先就得认识自己。只有认识了自己，才能把自己和其他人区分开来，才不会人云亦云、随波逐流。事业有成者与平凡人的区别就在于，平凡者的依赖性很强，而成功者的独立性很强。这种差别在事业有成者与平凡人都一无所有的时候体现得更加明显。

1979年，李·艾科卡到克莱斯勒汽车公司任总裁时，所接手的是一个债台高筑的烂摊子。艾科卡在权衡利弊之后，向政府提出求助，希望得到美国政府的担保，以便从银行获得10亿美元的贷款，用于克莱斯勒公司发展新型轿车。

这一消息传出后，在美国各界引起了轩然大波，惹得一片斥责之声。原来，在美国企业界有一条不成文的规矩，认为依靠外部力量，尤其是依靠政府的帮助来发展自己的企业，是不合乎自由竞争原则的。

面对企业界、舆论界、美国政府和国会的各种斥责、反对声，艾科卡不急不躁，反而通过“分兵合进、各个击破”的战术，扫除了重重障碍，争取到社会各界的同情与支持，顺利地贷到了10亿美元。

克莱斯勒公司利用这笔贷款，一举开发出了几种新轿车，从此走向新的辉煌。艾科卡也因此一举成名，成为受美国人敬佩、受世人瞩目的优秀企业家。

艾科卡无疑是一个有想法的人，面对困境，他没有一味地遵从传统规矩，反而果断地转换思维方向，另辟蹊径，向传统挑战，向规则发难，并最终用事实向那些曾经反对他的人宣布：我是对的！

试想，如果他当初只是默默地遵循那条不成文的规矩，或从自身的经验出发选择了大众之路，而不是走上那条“离经叛道”的道路，那么，克莱斯勒公司可能早就走向破产了！

不怕别人嘲笑，不怕遭遇质疑，不怕独立独行，相信自己的选择，按照自己的想法去做是一种勇敢的行为。当一个人有充分的自信，敢于坚持自己的想法，走自己的路，他所获得的成功往往也是巨大的。

小泽征尔是世界著名的音乐指挥家。在他尚未成名时，曾去欧洲参加音乐指挥家大赛。决赛时，他被安排在最后一位出场。小泽征尔拿到评委交给他的乐谱之后，稍做准备，便开始全神贯注地指挥起来。

忽然，他发现乐曲中有一处不和谐的地方。起初他以为是演奏错了，就让乐队停下来重新演奏，但仍觉得不和谐。于是，小泽征尔认为是乐谱有问题。可在场的作曲家和评委会的权威们一再郑重声明，乐谱是经过评委会多次筛选而来，不可能有问题，根本就是他的错觉。

面对几百名国际音乐界的权威人士，小泽征尔也对自己的判断产生了犹豫，但他经过再三考虑，坚信自己的判断是正确的。于是，他满怀信心而又不失礼貌地说：乐谱肯定错了。他的声音刚落，评委席上的评委们立即站起来，向他报以热烈的掌声，祝贺他大赛夺魁。

原来这是评委们精心设计的一个“圈套”，以试探指挥家们在发现错误而权威人士又不承认的情况下，是否能够坚持自己的正确判断。因为只有具备这种素质的人，才真正称得上是世界一流的音乐指挥家。小泽征尔正是凭着这种不畏权威，敢于坚持自己正确观点的精神，获得了那次世界音乐指挥家大赛的桂冠。

罗素去讲学，听讲的大多是研究部门的学者。这位大名鼎鼎的哲学家登上讲台，首先在黑板上写下了一个问题：2+2=？接着，开始征求听众的答案。

会场上变得异常寂静，每个人心里都在暗暗琢磨：黑板上写的不可能是一道简单的算术题，大哲学家可能发现了鲜为人知的哲学新观点。

尽管罗素一再强调希望有人将答案告诉他，但是听众中却没有一个人敢贸然作答。当罗素请台前一位先生谈谈自己的答案时，这位先生竟面红耳赤，吞吞吐吐地说自己还没有考虑好。

罗素见状，笑着说：“二加二就等于四嘛！”

学者们这才恍然大悟。

罗素的这一轶闻饶有趣味，这位大哲学家并不是故弄玄虚，而是幽默地告诉人们这样一个道理：过于崇拜权威会使人陷于迷信，会束缚人的思想，扼杀人的智慧。在权威面前连简单的事实也不敢承认，难道还敢不受权威的限制，产生自己的新观点吗？

前人的结论只是过去经验的总结，别人的看法只是从他自己的角度出发得出的结论。任何人说的话都不是绝对正确的。那些成功的人，往往不会墨守陈规，而是敢于坚持自己的主张，做自己认为应该做的事情。

两个青年一同开山，一个把石块儿砸成石子运到建筑工地卖给建房子的人，因为在他看来，人们通常都会把石头砸成石子建房子，所以他也这么做了；而另外一个则将未切割的大石头运到码头，卖给各地的花鸟商人，因为这里的石头总是奇形怪状。他认为大家都去做的事肯定利益也是平平的，所以他不能再走寻常路。

三年后，卖怪石的青年成了村里第一个盖起瓦房的人。

后来，政府下令禁止开山，而用种树来代替，大家都知道这里的土质适合种梨树，于是人们开始在山上种梨树。到了秋天，漫山遍野的果实招来了八方商客。他们把堆积如山的梨子成筐成筐地运往北京、上海，然后再发往韩国和日本，因为这儿的梨汁浓肉脆，香甜无比。就在村上的人为梨带来的小康日子欢呼雀跃时，曾卖过怪石的人做出了惊人的决定：卖掉果树，开始种柳。因为他发现，再种梨树，梨的价钱就会下跌，相反来这儿的客商更愁的是买不到盛梨的筐。

五年后，他成为第一个在城里买房的人。

再后来，政府在山边修了一条铁路，整个小村也对外开放，就在一些村民开始集资办厂的时候，卖怪石的人在自己的地头砌了一道三米高百米长的墙。这道墙面向铁路，背依翠柳，两旁是一望无际的万亩梨园。每年春天坐火车经过这里的人，在欣赏盛开的梨花时，会醒目地看到四个大字：百事可乐。据说这是六百里山川中唯一的一个广告，而他仅凭这道墙，每年又有4万元的额外收入。

成功者在什么时候都是很独立的，因为他们不迷信，不盲从，不想把自己的命运让别人来把握。他们很清楚地知道，如果自己不能挥鞭策马前行，那么别人的鞭子就会抽在自己的脊背上让自己成为被驾驭者，这在他们看来，等同于人生失去了意义。他们会摒弃干扰，一心一意做好自己的事。因为他们知道，自己是不是对的，只有行动能够证明，与别人的看法无关。

成功的秘诀：再坚持一下

一位女大学生刚毕业时，到一家公司应聘财务会计工作，面试时便遭到拒绝，原因是她太年轻，公司需要的是有丰富工作经验的资深会计人员。女大学生没有气馁，一再坚持。她对主考官说："请再给我一次机会，允许我参加完笔试。"主考官拗不过她，答应了她的请求。结果，她通过了笔试，由人事经理亲自复试。

人事经理对这位女大学生颇有好感，因她的笔试成绩最好；不过，女孩的话让经理有些失望，她说自己没工作过，唯一的经验是在学校掌管过学生会财务。找一个没有工作经验的人做财务会计不是他们的预期，经理决定到此为止："今天就到这里，如有消息我会打电话通知你。"

女孩从座位上站起来，向经理点点头，从口袋里掏出两块钱双手递给经理："不管是否录取，请都给我打个电话。"

经理从未遇到过这种情况，一下子呆住了。不过他很快回过神来，问："你怎么知道我不给没有录用的人打电话？"

"你刚才说如有消息就打，那言下之意就是没录取就不打了。"

经理对这个年轻女孩产生了浓厚的兴趣，问："如果你没被录用，我打电话，你想知道些什么呢？”

“请告诉我，在什么地方不能达到你们的要求，我在哪方面不够好，我好改进。”

“那两块钱……”

女孩微笑道：“给没有被录用的人打电话不属于公司的正常开支，所以由我付电话费，请你一定打。”

经理也微笑道：“请你把两块钱收回，我不会打电话了，我现在就通知你，你被录用了。”

就这样，女孩用两块钱敲开了机遇大门。

细细分析，其实道理很清楚：一开始便被拒绝，女孩仍要求参加笔试，说明她有坚毅的品格。财务是十分繁杂的工作，没有足够的耐心和毅力是不可能做好的。

如果这个女孩在一开始遭拒绝就放弃，那么就可能得不到这份工作。令人钦佩的是她不但没有黯然放弃，反而积极主动地去要求、争取，她没有指望谁能帮上自己，她相信的是积极主动的进取心和自信心。

确实，由于外在的硬性条件，有时即使一个很努力也很有能力的人，也会被“成功”拒之门外。此时，能否坚持不懈地叩击成功的大门，比期望幸运降临显得更重要！

学会争取到最后一丝希望，扭转挫折和失败，使自己再次站到通向成功的路上，这在人生历程中不顺利的时刻显得异常重要。它甚至是成功者与失败者的又一个区别和分水岭。

有一位叫田欣的女大学生毕业后做了一名网站编辑。工作前，她对编辑工作充满了向往，觉得自己能成为一个文化工作者，那是无比的幸福。然而，现实与理想的差距让她非常失落。编辑工作并不像她想象的那样浪漫，相反却非常辛苦，需要白天和晚上轮流倒班。这种工作模式使她疲惫不堪。虽然工作不是很理想，但凭借出众的工作能力，田欣的工作依然得到了领导和同事的认同和赞赏。

在工作期间，领导发现她工作能力很强，于是给她的工作又加了分量，而她通常都能出色地完成。但由于她刚工作不久，所以工资水准很低，她觉得很委屈，整天抱怨工资低，她对同事们说："我拿着一千五的工资，却做着三千五的工作"。

看着很多工作能力不如自己的同事都比自己工资高，她在工作中开始懈怠，只是为了应付工作而已。后来她实在难以忍受自己遭受的"不公"，决定辞职，当时好朋友劝她留下来，坚持一下就可能加薪了，但她最终还是选择离开了。

辞职后一直没找到理想的工作，只好赋闲在家，从此没有目标、没有工作，她开始变得焦虑起来。特别是从同事那里得知，她走后不到一个月，员工们的薪水已经涨了两次。同时，还告诉她，当时领导正研究让她担任娱乐栏目的副组长职务，如果定下来的话那她的薪水要翻好几倍，可是就在那个关键的时候，她却提出了辞职。田欣听了这些，也只有后悔的份儿了。

田欣与成功擦肩而过，主要是她缺乏一份坚持的精神。实际上，那段最苦的日子已经度过了，但是在即将加薪升职时却错误地离开了，她真是后悔莫及，可是又有什么用呢。有的时候，成功与失败也就是耐力的较量，可能距离成功只差一步之遥，但是你只要在成功面前停止了，那依然是失败的。

成功与失败往往只有一线之隔。在近于成功的路上放弃了坚持，也就是放弃了成功。

大文学家苏轼说："古之成大事者，不唯有超世之才，亦必有坚忍不拔之志气。"凡是想成就大事的人，都需要一种坚持到底的精神，无论面前的困难有多大，只要有坚持到底的精神，任何困难都是可以克服的。很多人缺乏这种坚持到底的精神，最后无法获得成功。

希拉斯·菲尔德从海底铺设一条连接欧洲和美国的电缆。毫无疑问，电缆要穿过大西洋，这是一个十分浩大的工程。

铺设工作遭遇了前所未有的困难。他用英国旗舰"阿伽门农"号和美国海军新造的豪华护卫舰"尼亚加拉"号来铺设电缆，但是不成功，不是电缆被卷到了机器里面断了，就是电缆里没有了电流。有一次，甚至轮船还突然发生了严重倾斜。

无数次大大小小的失败，让人们对从海底铺设电缆产生了怀疑，但菲尔德依旧相信事情一定会成功。于是在一片反对声中，他不仅订购了700英里的电缆，定制了新的铺设机器，而且还聘请了一位专家，重新制定铺设计划。

可是，电缆的铺设工作依然不顺利，依然是老问题，不是电缆断了就是电缆里没有了电流。随后，可怕的事情发生了，有些投资者不愿再投资了。只有少数投资者看到菲尔德为此日夜操劳，因为可怜他，才决定再给他一次机会。

老天有眼，这次尝试出人意料的顺利，全部电缆铺设完毕，没有任何中断，几条消息也通过这条漫长的海底电缆发送了出去。可是好景不长，就在大家准备庆功的时候，电缆电流又突然中断了。

这时候，除了菲尔德外，所有人都感到了绝望，没有人再给他投资了。但菲尔德仍然坚持，他又找到了新的投资人，可是，接下来迎接他的依然是失败。

所有的投资人都不愿意再给机会了，于是，这项工作就耽搁了下来。失败并没有难倒菲尔德，第二年，他组建了一个新的公司，重新找到了投资人，继续从事这项工作。

在铺设电缆的过程中，不知经历了多少次失败，但菲尔德挺过来了。

1866年7月，电缆顺利接通，菲尔德发出了世界上第一份横跨大西洋的电报，内容是："7月27日。我们晚上9点到达目的地，一切顺利，感谢上帝！电缆都铺好了，运行完全正常。希托斯·菲尔德。"

每个人都有自己的目标，实现与否，很大程度上取决于能否坚持到此。我们要有永不服输的精神，只要是我们认定的事情，就要努力地去完成。**只要你有一颗永不服输的心，有一种愈挫愈奋的意志，内心就会升腾起一股勇往直前的勇气，生命也将闪耀着无边无际的绚烂光芒。**

向前走，没有比脚更长的路

她是一个对足球十分痴迷的女孩子，她为了自己的梦想，每天缠着父亲带自己去体校踢足球，父亲在百般无奈下，只好带着她到体校踢足球。在这个学校里，因为这个女孩以前并没有受过规范的训练，所以她踢球的动作、感觉都比不上先入校的队友，这也使女孩并不突出。很多的时候，她在场上训练踢球时常常受到其他队友的奚落，说她是“野路子”球员，因为队员的奚落，女孩的情绪一度很低落。

她为了进入体校挑选的后备力量中，总是努力地训练着，每次选拔，她都很卖力地踢球，然而终场哨响，这一次她又没有被选中，而她的队友已经有不少陆续进了职业队，没选中的也有人悄悄离队。不过，每当这个时候，这个女孩总是表现出惊人的坚决，她总是在心里对自己说：“你一定能行的，你要坚持下去，只要坚持下去，你一定能成为一个优秀的球员。”

这个女孩的教练也总是对她说：“名额不够，下一次就是你。”所以更加坚定了天真的女孩的希望，使她树立了信心，又更加努力地接着练了下去。

下一次的选拔赛上，女孩仍没有被选上，这时的她实在没有信心再练下去了，她认为自己虽然场上意识不错，但个头太矮，又是半路出家，再加上每次选拔时，她都迫切希望被选中，因此上场后就显得紧张，导致平时的训练水平发挥不出来。她为自己在足球道路上黯淡的前程感到迷茫，就有了离开体校放弃踢球的打算。

经过心里的斗争，她找到了教练并且告诉教练她想退出了。教练什么也没有说，默默地看着这个平时努力训练的小女孩离开。然而，没有想到的是，第二天，女孩却收到了职业队的录取通知书。她激动不已地马上前去报到。之后，她又去找教练，这次教练对她说了一段话，教练对她说："孩子，以前我总说下一次就是你，其实那句话不是真的，因为我不想打击你，我想的是你听到这句话应该继续更加努力地训练下去啊！"听完这段话，女孩一下子什么都明白了。她明白了，只有坚持才会胜利，只有坚持才会成功。

希望集团的刘永好说过："现在对我而言，再多一个亿和多几百块钱没什么区别，因为当满足自己生活所需后，钱已经不是你追求的最终目标。支撑一个人不断前进的是不断的追求和奋斗。"

这是成功者们有了钱以后，对钱的新的认识。从某种意义上讲，只要我们把握了摆脱贫穷的秘诀，成功也就属于我们。

长跑运动员海尔·格布雷西拉西耶出生在埃塞俄比亚阿鲁西高原上的一个小村里，在他小的时候，每天在腋下夹着课本，赤脚上学和回家，他家离学校足足有10公里远的路程。贫穷的家境使海尔·格布雷西拉西耶不可能有坐车上学的奢望，于是，为了上课不迟到他只能选择跑步上学。每天，海尔·格布雷西拉西耶都一路奔跑，与他相伴的除了清晨凉凉的朝露和高原绚丽的晚霞，还有耳旁呼啸而过的风声。

许多年后的今天，海尔·格布雷西拉西耶先后15次打破世界纪录，成为当今世界上最优秀的长跑运动员。由于早年经常夹着书本跑步，以至他在后来的比赛中，一只胳膊总要比另一只抬得稍高一些，而且更贴近身体——依然保留着少年时夹着课本跑步的姿势。

我们许多人都在想，如果海尔·格布雷西拉西耶不是贫穷的，那他还会不会成为今天的世界冠军？今天，当海尔·格布雷西拉西耶回顾自己那段少年时光时，他也不无感慨地说："我要感谢贫穷。其他孩子的父亲有车，可以接送他们去学校、电影院或朋友家。而因为贫穷，跑步上学是我唯一的选择，但我喜欢跑步的感觉，因为那是一种幸福。"

是的，我们谁都不希望自己贫穷，谁都希望过上幸福的生活，可当我们别无选择地遭遇贫穷时，我们要学会把握贫穷给予我们的力量，就像格布雷西拉西耶，因为别无选择而跑步上学。所以说，不要放弃。

我们一直在思考：那些成功者为什么在经历重大挫折之后还能够站起来？为什么他们身处险境却不畏缩？为什么一筹莫展之时他们也要想尽办法，努力奋斗？为什么他们面对威胁还能初衷不改？

有句话说得很有道理，今天的苦难可能就是明日的辉煌，只要你愿意努力，总会有所成就。人生的机遇，是通过自己的奋斗争取来的。一个创业者在起步阶段，大凡都需要从最简单的工作做起，甚至当搬运工！打个比喻，人就好像那成堆的湿煤，磨难就像那摇篮，颠颠摇摇才能成煤球儿，才能燃烧。

天底下没有不劳而获的果实，如果能战胜种种挫折与失败，绝不轻言放弃，使你更上一层楼，那么一定可以达到成功。不管做什么事，只要放弃了，就没有成功的机会；不放弃，就会一直拥有成功的希望。

100多年以前，一艘英国商船因为触礁而沉没于马六甲海域。这艘船是从我国广州港驶出的一艘货轮，上面装满了名贵的丝绸、瓷器及珍宝。

前些年，一位名叫鲍尔的人偶然从一份资料上得到这个信息后，下定决心打捞这艘沉船。这对于任何一个人来讲都是十分艰巨的任务，当时很多人也认为鲍尔会中途放弃。

但是，鲍尔却出人意料地坚持在深深的海底摸索了漫长的8年，总共探索了70多平方公里的海域，而结果是，他找到了这艘沉船。

找到沉船只是迈向胜利的第一步，接下来的工作更是艰难，因为打捞的耗资是巨大的。打捞工作刚开始了30天，就花去了几万元。鲍尔的两位最初的合伙人认为无望而离去，其中有一位好友几次加入又几次离去，并一次次地劝说鲍尔放弃这个“疯狂”的念头。可是，鲍尔却一直坚持了下来，他坚决不放弃这次打捞。终于，在坚持了许多天之后，鲍尔迎来了成功的这一天。

事后当鲍尔接受记者采访时说，自己曾经也有过放弃的念头，每一次精疲力竭地从海底潜回时，他都想永远不再下去了。但是这种念头瞬间闪过之后，他又为自己注入了新的动力，强迫自己坚持了下来。

鲍尔打捞沉船的勇气令人敬佩，更让人敬佩的是他没有中途退却，一直坚定不移地坚持下去的精神。正是因为有了坚持，鲍尔才历尽千难万险，实现了自己的目标。

耐心需要特别的勇气，对理想和目标全心地投入，需要不屈不挠、坚持到底的精神。惟有坚忍不拔的决心才能战胜任何困难。一个有决心的人，任何人都会相信他，会对他给以充分的信任；一个有决心的人，在任何地方都会获得别人的帮助。相反，那些做事三心二意、缺乏韧性和毅力的人，没有人会信任和支持他们，因为大家都知道他们做事不可靠，随时都会面临失败。

许多人最终没有成功，不是因为他们能力不够、诚心不足或者没有成功渴望，而是缺乏足够的耐心。这种人做事时往往虎头蛇尾、有始无终，做起事来草草了事，永远都在犹豫不决之中，这种人注定是无法做出成就的。

第六辑

让将来的你感谢现在奋斗的自己

未来的命运，取决于现在的行动

有一个菲律宾女孩，高中毕业后，只身一人来到纽约闯荡。18岁的她，没有文凭自然找不到什么好的工作。好不容易在一家路边的打字社里谋到了一份300元月薪打字员的工作，她只好和几个同样来自菲律宾的女孩一起，合租一间地下室才能勉强度日。

工作之余她便找出一些服装专业设计书看，同屋的女孩们笑话她说："太不值了，你这么学根本是没有用的。服装公司里的人又不是傻子，放着科班出身的毕业生不要，要你？不可能的。"她什么也不说，只是笑笑。

她在六年中，工作基本上没什么变化。唯一变化的是：她的服装专业水准由一级提高到了六级。

后来，她被聘为一家服装公司的设计员，月薪1000美元。她搬出了从前住的地下室。再后来，她成了这家服装公司设计部的部长。

在人生的大海上，你就是自己命运之船的舵手，一个人未来的人生走向，要靠坚定不移的信念和踏实努力的工作造就，而与你的出身关系不大。在这个世界上，信念是最有力量的，而努力从来都不会白费。一个人，无论他从事何种职业，处于什么地位，只要他能够做到努力拼搏，有改变自己的信念和行动，那就没有什么力量能阻止他成功。

一个年轻人在底特律生活了一段时间以后搬到了新奥尔良。他在底特律时只是一个铅管匠，努力了好多年，也没有发展起自己的事业，原因是缺乏资金。刚搬到新奥尔良的时候，他带着老婆、三个孩子和120元钱，那是他全部的家当和资产。搬来后的第一天，他找了八家铅管公司，可是没有人愿意雇佣他，那些人只是告诉他人手已经够了。

无奈之下，第二天他开始在一条长长的、繁忙的大街上一家家的寻找能雇用他的地方。那条街上有几家快餐店，他记下了窗口上张贴征聘店员广告的店名。走到路尽头时，他开始往回返，一路上去了四家快餐店，可是都没有找到工作。最后，总算第五家的经理对他有点兴趣。他向那个经理保证，他工作勤奋，而且做人诚实。那个经理告诉他，薪水不高。但他告诉经理待遇不成问题，他会为顾客提供一流的服务。

他的工作一直做得都很努力，结果在6个星期之后他成了那家快餐店的营业部经理。在那期间，他结识了不少顾客，根据他们的要求，他改善了服务质量，提高了工作效率。9个月后，这家快餐店的老板把他叫到了办公室。原来这个老板除了经营餐饮业之外，还有别的投资项目，尤其是在房地产方面也搞得不错。这个老板看他的能力很强，也很敬业，就想派他去一座有90户的大厦当助理经理。

他当时就愣住了，然后告诉这个老板，他只当过铅管匠，对管理大厦一无所知。但老板笑着对他说："我查过你在快餐店的记录，利润增加了83%。管理大厦与管理快餐店的道理是一样的——乐于助人、推行计划和委派。我想你一定能让大厦保持客满，准时收到房租，而且保养良好。"

结果他接受了那个工作——工资是他在快餐店时的3倍，还有一间漂亮的公寓。两年后，他当上了高级经理，不久以后，他就有足够的钱来开创他自己的事业——创办一家属于自己的铅管企业。

这个年轻人选择了一份很少有人愿意去做的工作，但最终却改变了自己的命运。

可见，一个人的命运如何，是掌握在自己手里的。对此，洛克菲勒的人生轨迹可以提供证明：

幼年时的他就开始随着父母过着动荡不安的生活，他们总是搬迁。他11岁时，父亲因一桩诉讼案而出逃。此后，洛克菲勒就担起了家里生活的重担。

后来，出于对知识的渴望，他在商业专科学校学习了三个月，在学会了会计和银行学之后，他就辍学了。

出了学校的洛克菲勒刚开始在休伊特·塔特尔公司做会计助理。在工作中，他始终不忘学习。每次，当休伊特和塔特尔讨论有关出纳的问题时，洛克菲勒总是认真倾听，从中汲取知识。这让他有机会为公司赢得不少效益，得到了老板的赏识。

洛克菲勒很细心，每次在公司交水电费的时候，洛克菲勒都要逐渐核查后才付款。而老板只看总金额，很快，这让洛克菲勒取得了老板的信任。

又有一次，洛克菲勒发现公司高价购买的一批货物有质量问题，他把这个问题反映给老板，从而为公司挽回了损失。老板更加欣赏他，还给他加了薪。

后来，洛克菲勒从一则新闻报道中得知由于气候原因英国农作物大面积减产，于是他建议老板大量收购粮食和火腿，老板听从了他的建议，公司因此而获取了巨额的利润。

成绩斐然的洛克菲勒要求加薪，却遭到了休伊特的拒绝，于是，洛克菲勒离开公司决定创业。他想开一家谷物牧草经纪公司，可当时他只有800美元，而创办一家谷物牧草经纪公司至少也得4000美元，于是他拉来克拉克和他一起创业，每人各出2000美元。洛克菲勒想办法又筹集了1200美元，才凑够了钱。

这一年，美国中西部遭受了霜灾，农民以明年的谷物作抵押，请求洛克菲勒的公司为他们支付定金购买生产资料。可是公司没有那么多资金，洛克菲勒从银行贷款，满足了农民的需要。经过一年的苦心经营，洛克菲勒获利4000美元。

后来，洛克菲勒成立了标准石油公司，经过多年的拼搏奋斗，致使石油公司的发展进入了一个新的时代。那时，标准石油公司的一举一动牵动着国际石油市场的每一根神经。

洛克菲勒的事业生涯是从一个周薪只有5美元的簿记员开始的，但经过自己不懈的奋斗却建立了一个庞大的石油王国。洛克菲勒的成功并不是一个神话，他只是更懂得用行动和智慧来经营人生。他有一双发现机会的慧眼，他从为别人打工开始，就显示出了与众不同的智慧。

洛克菲勒曾经对自己的儿子说过这样一句话："我们的命运

由我们的行动决定，而绝非完全由我们的出生决定。”在这个世界上，不存在命运主宰人的定律，有的只是奋斗才成功的真理。我们都应该坚信，我们的命运由我们的行动决定。

人的一生从哪里开始并不重要，重要的是你知道自己要到哪里去。即使你选择了一份最不起眼的工作，如果你能让自己的目标明确起来，那你就能在平凡的岗位上为不平凡的事业做好充分的准备，就能为自己的事业打下坚实的基础，等到机会来临时，一鸣惊人，实现自己的梦想，成为一个成功的人。

你所做的事，决定了你能成为怎样的人

古人说：“人有前后眼，富贵一千年。”很多人在理解这句话的时候，总认为古人在警示那些狂妄的后人天意难违：没有富贵千年的人，所以人不可能看到未来，一切顺其自然为好。但是，笔者认为，后人错误地理解了古人的这句话，我们为什么不能理解为它是古人对后人的激励呢？我们可以理解为：人应该总结过去，设计未来，这样就可以富贵一千年。因为很多人没有做到这点，所以世上没有千年富贵的人。

的确，我们常常听人这样说：“我要是在前几年怎样怎样，我现在就怎样了。后悔前几年没有做，所以现在做不好。”很多人只会把现在的失败归咎于之前失算，不会通过现在的打拼为未来铺垫。其实，每个人的未来自己都是可以预见的，因为现在的行为决定未来。

20多年前，余习华在杭州是一家知名广告设计公司的老板，这天，一个瘦小的年轻人找到他，递给他一张名片，名片上写着今天家喻户晓的名字——马云。当时，马云请他免费设计黄页，但给余习华6%的公司股份。余习华听后笑了笑，并没有理会马云。但是，马云没有放弃，三番五次找余习华，希望双方能够合作，直到余习华严词拒绝，马云看不到希望才放弃。

后来，杭州所有的广告设计公司都遇见同一件事：一个叫马云的人用公司的股份换黄页设计，但很多人只把它当成一个骗局而相互警示。

今天，马云成为了中国的首富。就在阿里巴巴在美国上市的那天，余习华找到了那张名片，他望着发黄的名片发呆，耳边突然想起了马云最后离开他办公室时说的一句话："今天你对我视而不见，明天我让你后悔莫及。"

对于马云来说，为了能设计黄页，他可谓是跑遍了杭州所有广告设计公司，正因为有这样的打拼精神，才让他有了今天的成就。马云之所以能说出"今天你对我视而不见，明天我让你后悔莫及"的话，就是因为他在为美好的未来做铺垫，他能预见互联网的未来，预见自己的未来。

所以，一个人的未来怎么样，取决于用什么样的方式面对现在。未来和现在一定有直接的因果关系，我们只有找到这种因果，才能为未来做有效的铺垫，才能准确预见未来。敢于放手一搏，你一定会超越现在；懂得隐忍低头，你在未来就有奔头；踏踏实实做事，你的事业会越来越好；现在敢于吃苦，你会越活越精彩……这就是现在和未来的因果关系，就是预见未来最准确的依据。

吴士宏出生于北京，父母都是知识分子。初中毕业后，她被分配到一个街道小医院当护士，一转眼就是十年。

十年后，改革开始改变中国，也开始改变吴士宏的眼界，她决定自学英语。她依靠一台小收音机，用了一年半的时间修完许国璋的三年英语教程，并通过成人高考取得英语专科学历。

吴士宏拿到了英文专科学历的文凭之后，获得了到IBM工作的机会。在进入IBM之前，有一个面试，吴士宏表现出了初生牛犊不怕虎的胆量。主考官问道："你知道IBM是家怎样的公司吗？"吴士宏马上回答："真的非常抱歉，对此我了解的并不是太多。"她说的是实话。"既然你并不了解那你怎么有资格来IBM工作？""你不录用我的话你怎么会知道我究竟有没有资格？"吴士宏脱口而出，说出这样的话，充分显示了她的自信和勇气。接下来，她用流利的英语说，她以前的同事和领导都相信她有能力做更多的事，如果能给她机会，她会以实际成绩来证实她的能力和资格。

就这样，吴士宏成功地被录用了。IBM的面试像个筛子，两轮的笔试和一次口试，吴士宏都顺利地滤过了严密的网眼。在面试过程中，她充分展示出自己的自信和能力，最后得到了主考官的信任和认同。最后主考官问吴士宏会不会打字，她毫不犹豫地答道："会！""一分钟你能够打多少字？"吴士宏聪明地问："您的要求是多少？"主考官说了一个标准，吴士宏马上承诺说可以。因为她早就发现考场里没有打字机，果然，主考官没有再测试她的打字水平。

其实，吴士宏根本就没有摸过打字机。等到面试结束后，她立刻向朋友借钱买了一台打字机。她马不停蹄地练了一个多星期，练到最后连吃饭的时候筷子都拿不住。功夫不负有心人，吴士宏竟奇迹般地敲出了专业打字员的水平。

进入IBM的她，从最基层开始做起，做的工作都是些比较琐碎的行政勤务，在职位上虽然被称为"行政专员"，但是实质上与打杂的也没有什么区别，几乎什么都干。身处一群无比优越的真正白领阶层中，她也很少能够得到同事的尊重。

有一天，有一位资深的香港老职员耷拉着脸朝她喊道：“如果你想要喝我的咖啡，请你弄完之后把盖子盖好！”很显然她把吴士宏当作偷喝她咖啡的贼了。这对于身处基层的吴士宏来说是人格的污辱，顿时她觉得浑身颤栗。事后她发誓说：“有朝一日，我定会有能力去管理这公司的每一个人，无论他是什么人。”

1993年IBM在中国成立了独资分公司，当时IBM在职的中国员工自然而然地就从外企雇员成为了外资独资公司的的直接雇员，这意味着吴士宏成为了IBM的正式员工。因为在此之前，本地雇员是没有资格进入公司管理层的。独资分公司的成立，在吴士宏的心里突然激发出一个大胆的想法：“哪一天，我在IBM也可以成为一名经理！”那时，吴士宏只能把这种野心和梦想藏起来，不敢跟别人说，怕说出来别人笑话她。你想，在科技文化密集的IBM，硕士、博士比比皆是，而吴士宏是个女孩，正规学历只有初中。

吴士宏要改变现状，要从最底层冲出来。有了应聘时要求打字的前车之鉴，她决定把事情做在前面。于是，她每天比别人多花6个小时用于工作和学习，为了通过计算机语言考试，她用两个星期的全部夜晚啃完一尺半高的教材；为了能够更好地适应推销业务，她将自己关在家里一个人面对着墙壁练习绕口令以锻炼口才；为了练习专业术语快读，导致她咽喉充血不能吞食。由于出色的表现和优秀的职业技能，很快她坐上了业务代表的职位。吴士宏知道，即使是面对这些繁琐、单调的工作，也要尽力把它做到最好。因为只有做到最好，才能有机会让上司关注你，才能有机会培养你。吴士宏当时就是这样想这样做的。在工作中她总是尽自己最大的努力做到最好，并且勇于向领导展示自己的才能。

机会留给有准备的人，吴士宏在IBM公司工作了12年，在这12年里她的努力没有白费，吴士宏勤奋好学、工作拼命是众所周知的。她的能力很快得到了领导的肯定，最后她终于从最初的“行政专员”成长为高层管理者。是金子总会发光，1998年吴士宏改任微软中国公司总经理，一年后又任TCL集团信息产业公司总裁。到了2007年7月3日，TCL任命吴士宏女士为独立非执行董事及审核委员会及薪酬委员会成员。

吴士宏曾对人说过她的成功秘笈，她说：“我的成功，就是一直在为自己争口气。”世间任何一种成功都需要自己争口气，即使你现在还是一个碌碌无为的平凡者、普通人，只要坚持和吴士宏一样争气，未来必定是成功的。

其实，**世上没有人能够改变别人的命运，是你所做的事，决定了你能成为什么样的人，命运的真正主宰就是你自己**！打造美好未来的最好办法就是自己争气，在体格上、在知识上、在智慧上、在实力上使自己加倍成长，变得更加强大，使许多问题迎刃而解。随着自己的努力，未来也会变得越来越好。

你的圈子，就是你的境界

王伟宏大学毕业后，进入一家出版社担任编辑。刚入职不久，他就听到公司里有人抱怨说：“原以为进入这家出版社能领到很好的薪水和福利，没想到薪水那么少！更气愤的是，都快一年了，社里都没有给我们涨工资的意思。”王伟宏并没有参与到这种私下里的发牢骚之中，他只是埋头苦干，任劳任怨。

同事私下里问王伟宏：“你整天被派来派去地干那么多活，却领那么点薪水，你不觉得太亏了吗？要是我，早就不干了！”对此，王伟宏只是一笑了之，然后回答说：“愿意多付出，才更容易收获。我觉得多做事对我的成长只有好处，没有坏处。”

几年过去后，王伟宏因为工作表现出色，薪水已经提升了很多，并且担任了编辑室的主管。进入领导层之后，虽然做的依然是一些比较基础性的工作，但是有机会和社里的领导直接接触，看问题的视角也与以前不同了。王伟宏对编辑室的工作、出版社的运营以及整个出版行业的发展都有了比较清晰的认识。他从那些优秀的前辈身上学到了很多东西。又过了几年，王伟宏离开了这家出版社，成立了自己的出版公司。再后来，他成了一名优秀的出版人。

再反观那些整天发牢骚，抱怨薪水少，不好好工作的人，有的早已离职，有的还留在出版社里。但无一例外的是，他们的薪水待遇依旧没有多少提升，即使离开了出版社，也只是换个地方发牢骚而已。

试想一下，如果刚入职的王伟宏也参与到那些人之中，每天只盯着那些薪水，而丝毫不考虑自己的成长，那么，他还能不能取得现在的成绩？和谁在一起很重要，能成为什么样的人，除了受自己的资质决定，也会受身边的人的影响。圈子，决定了一个人的境界。平庸的圈子引人堕落，好的圈子则助人成长。现实中，有很多人之所以能在与自己实力相当的博弈中胜出，靠的是除了自己本身条件足够优秀外，与更多的优秀人才“抱团儿”从中起了巨大作用。

美国好耶直升机侧翼公司创始人罗宾·彼特格雷夫曾经说过：“我并不是特别聪明，但我周围有一群才华横溢、富有激情的员工。曾经有一段时间，我和那些商业合作者谈生意时，做出决定是一件非常痛苦的事情，因为我不知道自己的决定是不是完全正确。但是后来，我从与这些成功的下属的合作中得到了进步，现在，我自信能够做出正确的抉择。”

创业之初，马云和孙正义第一次坐到一起时，马云没有钱、没有名气、没有太多的工作经验，而孙正义是日本软银集团董事长、亚洲首富。初次见面6分钟后，孙正义决定给马云的阿里巴巴投资。那个时候，他们彼此都认为对方是一定要握手合作的那个人。此后，两位成功人士走到了一起，马云的表现没有让孙正义失望。

孙正义和马云一次见面时，说道：“我当时想，阿里巴巴会发展得和谷歌一样大，谷歌扩张的基础是广告，而阿里巴巴不仅仅依靠广告，这会使得阿里巴巴走得更加稳健。阿里巴巴面对的是全球市场，而不仅仅是中国。所以，我希望与你一起，与阿里巴巴一起，取得更大成就。”

哲学家艾思奇说过：“一个人像一块砖，砌在大礼堂的墙上，是谁也动不得的，但是丢在路上，挡人走路的话，是要被人一脚踢开的。”特别是在现今社会，即使你是一个十分优秀的人，但只想靠你个人的能力来获取自己所要的成功也是非常困难的，甚至是不可能的。

成功人士更愿意，也更倾向于和成功人士在一起，自己拥有能够帮助其他成功人士的资本，相互之间各取所需，实力互补，这样“抱起团儿”来，更有力量，更有价值，也更易让自己成就事业。对于还没有成功的人士来讲，更要尽可能与成功人士“抱成团儿”，借助成功人士的力量成就自己的伟业，正所谓“君子生非异也，善假于物也”。

米歇尔是一位青年演员，刚刚在电视上崭露头角。他英俊潇洒，有演技天赋，开始扮演小配角，后来成为主要角色演员。从职业上看，他需要有人为他包装和宣传以扩大名声。因此他需要一个公共关系公司为他在各种报纸杂志上刊登他的照片和有关他的文章，增加他的知名度。

不过，要建立这样的公司，米歇尔没有那么多钱。偶然的一次机会，他遇上了丽莎。丽莎曾经在纽约一家最大的公共关系公司工作了好多年，她不仅熟知业务，而且也有较好的人缘。几个月前，她自己开办了一家公关公司，并希望最终能够打入有利可图的公共娱乐领域。到目前为止，一些比较出名的演员、歌手、夜总会的表演者都不愿同她合作，因为她的知名度不够高。

米歇尔和丽莎相见恨晚，俩人一拍即合，联合干了起来。米歇尔成为了她的代理人，而她则为他提供出头露面所需要的经费。他们的合作达到了最佳境界，米歇尔是一名英俊的演员，并正在时下的电视剧中出现，丽莎便让一些较有影响的报纸和杂志把眼睛盯在他身上。这样一来，她自己也变得出名了，并很快为一些有名望的人提供了社交娱乐服务，他们付给她很高的报酬。而米歇尔，不仅不必为自己的知名度花大笔的钱，而且随着名声的增长，也使自己在业务活动中处于一种更有利的地位。

通过丽莎和米歇尔的相互合作与需要，我们可以看到这样一种格局：米歇尔需要求助于丽莎，获得为自己做宣传的开支；丽莎则为了在她的业务中吸引名人，需要米歇尔作自己的代理人。你看，他们互相满足了对方的需要。这一原则看来是如此的简单明了，双方的需要得到了同等满足。

美国著名学者皮鲁克斯在哈佛大学做了一个题为《做人的意义》的报告，报告中，他陈述了一个富有人生哲理的事实：

世上仅存的植物当中，最雄伟的植物当属美国加州的红杉。红杉的高度大约是90公尺，相当于30层楼以上。

科学家深入研究红杉，发现许多奇特的事实。一般来说，越高大的植物，它的根理应扎得越深。但科学家却发现，红杉的根只是浅浅地浮在地面而已。理论上，根扎得不够深的高大植物是非常脆弱的，只要一阵大风，就能将它连根拔起，但是红杉又缘何能长得如此高大，且屹立不倒呢？

研究发现，红杉通常是一大片在一起生长的，并没有独立壮大的红杉。这一大片红杉彼此的根紧密相连，一株接着一株，结成一大片。自然界中再大的飓风，也无法撼动几千株根部紧密连接、占地超过上千公顷的红杉林。除非飓风强到足以将整块地掀起，否则难以动摇红杉分毫。

红杉的浅根也正是它能长得如此高大的利器。它的根浮于地表，方便快速并大量地吸收赖以生长的水分，使红杉得以快速茁壮，同时，它也不需耗费能量，像一般植物那样扎下深根，它用扎深根的能量来向上成长。

造物主在世界各地为人们留下成功的启示，只看我们是否能拥有智慧去体会与领悟。红杉难以撼动的现象启示我们要广泛地伸出自己的学习触角，和广大的“资讯网络”结合，去吸收更丰富的成功知识及经验，作为自己赖以迅速成长的养分，而不需耗费能量去独自盲目地钻研。

成功不能只靠自己的强大，成功需依靠别人，只有能帮助更多人成功，你自己才能更成功，如红杉林根相连，以充分而紧密的合作关系，创造出屹立不倒的伟业。

一心向上的人聚集在一起，就能成为一股强大的力量。物以类聚，人以群分，如果你想让自己不平凡，那就努力武装自己，让自己有能力与强者比肩，成为直至云霄的红杉树。如果你尚未壮大，不妨伸出你学习的根，和成功者紧密联结，去融入积极进取、勤奋向上的圈子，阅读有智慧的人撰述的书籍，吸收他们的经验，了解他们的态度，让自己更快速地成长。能与优秀的人携手比肩，拥有虚心学习的胸襟的人，他的一生注定不凡！

逆袭是一种厚积薄发

2004年的雅典奥运射击场上，美国名将埃蒙斯在男子步枪50米三姿决赛中，在最后一枪打出了10.6环的“优异成绩”，但却打在了其他选手的靶上，最终他被判脱靶，痛失本属于囊中之物的金牌，中国选手贾占波也因此极富戏剧性地获得那枚金牌。2008年的北京奥运男子步枪50米三姿决赛中，埃蒙斯在保持巨大领先优势的情况下，最后一枪竟然只打出4.4环的成绩，又一次与奥运金牌擦肩而过，冠军的宝座转瞬间被中国选手邱健夺得。

有人说贾占波和邱健都是侥幸才得到金牌，如果不是埃蒙斯失手，他们是不会得到金牌的。贾占波和邱健夺冠，真的是出于侥幸吗？其实，邱健和贾占波的成功绝非偶然。因为奥运赛场上竞争异常激烈，运动员之间不仅仅是比赛技能，还要比智慧、比沉着、比毅力、比细致、比勇敢、比耐心，等等。不可否认，埃蒙斯相对于其他选手的确是技高一筹，但是，他在关键时刻没有把握好机会，最终留下遗憾。而邱健和贾占波，虽然在技术上可能比埃蒙斯略逊一筹，但他们始终紧“咬”住埃蒙斯不放，更在关键时刻保持沉着、冷静和清醒的头脑，最终赢得了比赛。这样的胜利，肯定不能用偶然去评说，即使是偶然，也是偶然中的必然。

有些成功看起来很容易，那是因为旁人只看到了成功之前的最后一搏。人们总是喜欢关注成功者，在他们最耀眼的时候把羡慕的目光投向他们，把他们的成就作为奇迹来向往。然而，在他们成功之前，还是个无名小卒的时候，没有人会注意到他们在背后付出的努力。从一个无名小卒，到受千万人崇拜的强者，往往并不是一时的逆袭，而是长久积淀之后的美丽绽放。

其实，任何成功都绝非偶然，而是不断努力、不断积累的结果。奥运赛场如此，我们做其他任何工作和事情又何尝不是如此呢？

查理·贝尔在他43岁的时候当上全球快餐业巨头麦当劳的总经理，是麦当劳最年轻的首席执行官。然而，大家所想不到的是，他最初只是澳大利亚一家麦当劳店的临时工。

1976年，年仅15岁的贝尔开始了他的职业生涯的第一步。他进麦当劳店的想法很简单，打工赚取一些零用钱。他从来没有想过以后在这里会有什么发展。他被录用了，而工作内容就是做清洁。虽然这个活儿又脏又累，但贝尔从来没有怨言，他尽职尽责，认认真真地将工作做好。而且做完自己的工作，他常常会做很多自己工作范围以外的活儿。他常常是打扫完厕所，就擦地板；擦完地板，又去帮着翻正在烘烤的汉堡。这种工作态度和精神给麦当劳打入澳大利亚餐饮市场的奠基人彼得·里奇留下了很好的印象。

没多久，里奇说服贝尔签了员工培训协议，把贝尔引向正规职业培训。培训结束后，里奇又把贝尔放在店内各个岗位上，对他进行锻炼。虽然只是钟点工，但悟性出众的贝尔不负里奇一片苦心，几年后，贝尔就全面掌握了麦当劳的生产、服务、管理等一系列工作。

19岁那年，贝尔被提升为澳大利亚最年轻的麦当劳店面经理。后来，担任麦当劳澳大利亚公司总经理。1999年，贝尔被调到麦当劳美国总部，并先后担任亚太、中东和非洲地区总裁、欧洲地区总裁及麦当劳芝加哥总部负责人。2002年底，他被提升为首席运营官。

在担任总裁兼首席运营官期间，贝尔负责麦当劳公司在118个国家的超过3万家麦当劳餐厅的经营和管理，并从2003年1月1日起开始进入董事会。

贝尔不仅是麦当劳历史上第一位非美国人的CEO，也是近年来餐饮业中少有的亲自站过柜台的董事长，成为一个从最低层一步步晋升到公司高层的典范。

贝尔经常用自己的亲身经历鼓励身边的年轻人，在北京参加麦当劳续约奥运会全球合作伙伴的新闻发布会时，他说："我从15岁起就在澳大利亚的餐厅兼职打工，19岁就成为澳大利亚最年轻的餐厅经理。我能做到，你们也能做到，明天的总裁就在今天的这些明星员工中间。"

贝尔成功以后，对公司充满了感激之情，2004年，贝尔被诊断出患有直肠癌。但是他仍继续坚持为公司工作了半年多。

贝尔用他的亲身经历告诉我们，他是如何从一个清洁工走向麦当劳公司执行总裁的。所以，不要总是对目前的工作敷衍了事，既然选择了一份工作，不管是扫大街、扫厕所，还是刷碗、建筑，都要带着感激之心踏踏实实做好自己的工作，总有一天，成功会垂青于你。

没错，认认真真地将工作做好，一步一个脚印，踏踏实实，你就是在通往梦想的路途中！而浮躁、抱怨只会让你离自己的梦想越来越远。

在生活日新月异的今天，人们也变得越来越不满足于现状，总是想着一步登天！很多人在工作中总是抱怨："这样的破工作，什么时候才能买到房子！""这么低的工资，何时才有出头之日？"岂不知财富都是奋斗来的，不经过奋斗就想有房子有车的你越是抱怨越是浪费时间，离梦想就会越来越远！

有一位作家说过："你答应做这个工作，就算再不喜欢，你也一定在做的那一刻好好享受。之前可以很憎恨，之后可以痛恨，但做的那一刻要很享受。"没错，不管你做什么工作，都要带着一份感激的心，工作是带给我们物质食粮的基础，是我们成就事业的起点，是让我们不断成长的渠道！唯有先从点滴开始，武装自己，丰富自己，才会有机会，有能力去实现内心那份热烈的期盼，那份美好的梦想！

所以，从手头的工作开始吧，认认真真地将工作做好！通过不断地积累和锻炼，才能发现并塑造全新的自己，一步步走上新的台阶，如果连起码的本职工作都做不好，还想一下子就要达到一个什么样的高度就是幻想。

每个人都有自己的梦想，尤其是初入职场的年轻人，梦想着做大事，梦想着飞黄腾达。然而，我们知道，没有什么事情能够一蹴而就，无论是当富翁还是做高官，都是通过一点一滴的积累而得到的。而做好我们眼下的工作，就是我们实现梦想的起点。我们从点滴做起，在工作中一点点积累，一点点磨砺自己，让自己逐步地提高才干和本事后才能大展身手、一展宏图。可以说在这个世界上不可能存在无缘无故的成功，成功向来都只宠爱那些为之付出过艰辛努力的人。

方杰在奥普浴霸的创建和推广方面取得了不小的成绩，随着奥普浴霸的名声远扬，大家对方杰也开始感兴趣了，有人说方杰的成功简直太顺利了，事实又是什么样的呢？

其实早在澳大利亚留学的时候，方杰就已经开始在澳大利亚最大的灯具公司LIGHTUP打工。当时他还不懂商业谈判，他知道自己的缺陷，很希望学会谈判的本领。他知道当时的老板是一个谈判的高手，但是脾气不好，底下的员工总是暗地里说他的不是，而方杰没有这样做，他觉得应该看到老板的长处，老板的谈判能力是无人可比的！而且，老板之所以对自己发脾气，是因为自己有做错的地方，所以，与其暗地里批评老板，还不如多向他学习，主动认真地反省自己的不足。

从那以后，每当有机会与老板一起进行商业谈判的时候，方杰总是在口袋里揣上一个微型录音机。他将老板与对方的谈判内容一句句地录了下来，然后再回家听，并仔细揣摩、学习对方是怎样提问，老板又是怎样回答的。就这样，几年后他也成为了商业谈判的高手。

后来老板退了休，把位子让给了他。到了1996年，方杰差不多成了澳洲身价第一的职业经理人。他不想当打工仔了，想回国自己创业。奥普浴霸就是在这样的背景下做成的。

方杰并非天生就是一个生意人，但他的成功过程让很多人明白，世界上没有无缘无故的成功，任何人的成功都与自强、自立和自我努力分不开。

所以，永远不要幻想什么都不做，只需躺在床上，第二天醒来你就能够成为一个成功的人了，即使有唾手可得的机会，那种情况也只会发生在努力者的身上，而不会发生在一个从不努力的人身上，因为就像天上从来不会掉馅饼一样，成功也不会从天而降。**梦想是在工作中一点点实现的**！你只要踏踏实实迈出实现自己梦想的脚步，就会离梦想越来越近。

实现内心的渴望，才是真正的幸福

什么是幸福？且不说幸福到底是一种什么样的感觉，但要先知道幸福感是每个人独有的并是有着巨大差异的，比如说，在过去有些地主土地越多越感到幸福，而雷锋把每做一件好事都当作幸福。现代有许多人把赚到许多钱视为幸福。所以，自己的幸福只有自己知道，如果有谁把对幸福感的判定寄放在别人的评判上，他一生都不会懂得什么是幸福。

有一位女士在自己的博客里写道：

我结婚不到一年，丈夫是我的大学同学。结婚前，我们没有恋爱史，因为之前我并不爱他，只是随着我的年龄越来越大，没有遇到更适宜的交往对象，他却一如既往地追求我，我才最终选择了他。客观地讲，他的条件不如我。在同学的眼里，我们不般配，我的同学都觉得我吃亏了。“你怎么会嫁给他？”好多人都在问我这个问题，好像在暗示我做错了一件事，这个问题也一直困扰着我。这种困扰影响了我对他的热情，影响了我对婚姻的投入，甚至是对未来的追求和向往，我感到自己的婚姻没有丝毫的幸福可言……

这位妻子认为丈夫配不上自己，其实并非是自己的真实感觉，是受了外界评判的影响。在挑选婚姻伴侣的时候，青年男女都习惯喜欢用类比法，一个一个地比较，A比B怎么样？B又比C怎么样？这样比来比去，耗费许多时间，只是为了找到条件最优越的。

在传统的婚姻模式和婚姻体系中，郎才女貌是天作之合，是双方般配的理想标准。如果两个人相貌相当，身高相配，性格相协，学历相仿……别人都会说是天生一对。现实中却有很多貌似“不般配”的夫妻，然而当事人却过得甜甜蜜蜜、有滋有味。这种现象几乎颠覆了传统的婚姻观念，让旁观者大为诧异。

有一对被大家认为不般配的夫妻携手走过8年。恋爱的时候，妻子是个普普通通但性格开朗的姑娘，丈夫是个各方面与妻子比显得都更优秀一些的小伙子。他们谈恋爱后，很多朋友都觉得女孩配不上男孩，还为男孩感到惋惜。

在别人的非议中，两个人互恋互爱，互相鼓励，感情反而更深了。女孩做销售工作，业绩总是公司第一。男孩在证券公司工作，上班短短一年时间便升为主管。女孩当时承受了很大的心理压力，内心十分自卑。她觉得这段感情得不到大家的认可，曾经一度想要放弃。在男孩的鼓励下，女孩放下了心理包袱，很快两人走入了婚姻的殿堂。

婚后，无论是在生活上，还是在工作中，两人都相互支持，相互体谅，夫妻共同努力，经营出一桩让旁人十分羡慕的幸福婚姻。

幸福的感觉并不来自所谓的表面的般配，而来自于诚挚的情感和默契的配合。婚姻中没有谁配不上谁，只有愿不愿意真心付出，愿不愿意相互体谅。在人生中不能让他人的评论左右自己的婚姻选择。

自有人类以来，就有人在寻求“幸福”的答案，以便拥有它。那么，幸福是什么？按《现代汉语词典》的解释是“使人心情舒畅的境遇和生活”。由于人的经济基础、社会环境、胸怀抱负、生活态度各异，对幸福的理解和感受也各不相同，要靠每个人自己去寻找。

17岁那年，詹姆斯·布莱尔以优异的成绩从大学毕业。毕业之后，布莱尔应聘到了肯塔基州的一所军校任数学教师。3年后，布莱尔的思想发生了变化，他辞了职，去费城的一所盲人学校任教，在那里他负责讲授高级文学和科学课程，并受到了老师和同学的喜爱。校长赞扬说：“他的才智帮助课堂里那些急切盼望学习知识的学生开了眼界，获得了提高，他完全胜任现在的工作。”

但是在那里待了两年以后，布莱尔还是决定辞职。

当时24岁的布莱尔也时常会拿起笔，为一些报刊写些文章，这让他感到莫大的快乐。可是，在布莱尔的心中，总感觉缺少一些什么东西，他认为自己在某一方面一定能够给人眼前一亮的感觉，这也是他为什么一再辞职的原因。就在这时候，机会出现了：缅因州首府奥古斯塔市的《肯纳贝克杂志》杂志社的老板有意出售一半股权。布莱尔知道了这个消息兴奋不已，这是以前他听到自己有机会当老师时的喜悦所不能比拟的，这让他意识到自己终于找到了要做的事。于是，他抓住机会，买下了这部分股权，随后举家移居奥古斯塔。

通过布莱尔此后的人生经历，我们可以看出他人生定位的改变，正是他通往未来成功生涯的一个转折点。

在布莱尔的主持下，杂志表现出新的风格，读者欣喜地看到一份目光敏锐、切中时弊的新刊物，意识到背后主事的人应该是位了不起的人物，于是这份杂志拥有了越来越多的读者。虽然布莱尔是第一次涉足这一领域，但他驾轻就熟，丝毫不逊色于在其中混迹多年的老编辑。他很快就把该州共和党的注意力吸引了过来。不到两年的时间，他就成为缅因州共和党的领袖，并成为1856年第一届共和党全国大会的代表。

在主持《肯纳贝克杂志》一年之后，布莱尔又接手了《波特兰商讯》的编辑工作，这使他的影响力又扩展到了商业领域。同时做两份编辑工作，换成一般人难免应接不暇，但布莱尔因为喜爱这份工作，所以永远充满激情，感觉体内好像蕴藏了无穷的能量，任何时候都是干劲十足、精神抖擞。28岁那年，因为在这两份杂志上所取得的成就，布莱尔成为缅因州议会议员，以后又连任数届，其中还两度担任发言人。布莱尔作为缅因州代表，在国会众议院供职14年之久，期间6次成为发言人，是众议院历史上最为光彩夺目的一位发言人，受到各方面的赞扬。

幸福不是物质、财富、荣誉或其他种种东西的寄生虫，而是人们内心深处所获得的自我认知、自我体验和自我评价，确切地说它属于心理方面和精神方面的范畴，因此说，幸福不幸福是由人的心态决定的。

如果心里有什么想要的东西，那就去追逐，去寻找。倾听自己的心声，尊重自己内心最热切的渴望，总有一天能找到属于自己的幸福。幸福其实很简单，想要什么就去争取，想做什么就去做。心中充实，幸福永在。

成长是一条没有终点的路

在非洲草原上，每天清晨，羚羊睁开眼睛所想到的第一件事就是：我必须跑得更快！否则，我就要命丧狮口。而在同一时刻，狮子也在想着同一件事情，那就是：我必须跑得更快！唯有如此，我才能抓到更多的羚羊。否则，我将会活活地饿死。于是，面对着地平线吐出的鲜红的朝阳，狮子和羚羊开始了新的一天的生存和竞争。

物竞天择，适者生存，这是竞争的本质和普遍规律。由此可见，竞争既是一种淘汰的机制，又是一种激励的机制。在这里，“速度”成为了狮子和羚羊求得生存的最重要的技能。无论是狮子还是羚羊，都要竭尽全力跑得更快，才能为自己多争取一线生机。

《易经》中有这样一句话：“天行健，君子以自强不息。地势坤，君子以厚德载物。”意思是告诉人们要善于完善自己，不断成长，才能走向成功。

我国著名画家徐悲鸿一生之中画了上千匹马，他笔下的马姿态众多，但是各个都栩栩如生。

为了把马画好，在留学法国期间，他天天都在巴黎博物馆里进行素描练习。饿了就吃两块面包充饥，而他之所以这样做是为了准确把握马的造型。为了提高自己画马的水平，他在向前人学习的基础上，还不断在现实中学习和实践。他不管到什么地方，只要碰见了好马，就会不由自主地驻足，进行一番细心观察。

经过不断地学习和实践，徐悲鸿画马的水平获得了很大的提高，他的奔马丰阔而不臃肿，刚劲而不粗糙，稳而不坠，奔而不飘。特别是那幅四蹄腾空、马尾舒展、长鬃飘飘的奔马图，充分表现出了挺拔奔放、自由不羁的精神。最终，徐悲鸿在名家如林的书画界中脱颖而出。

由此我们可以看出，学习是很重要的，它是进步的阶梯，我们沿着一层又一层的阶梯不断地攀爬，才能逐渐体会到学习带给自己的巨大收益。犹如我们攀登泰山拾阶而上一样，当我们每上一层台阶，我们就能看得更远一些，同时就收获一份激情，多了一份向往，而当我们就这么坚持不懈地到达顶峰时，才能发出“一览众山小”的感慨。

同样，当我们不断地学习，积累了一定的知识和阅历后，我们也就能对自己的人生方向和前景有个更加明确的方向，前进的路上就会少些迷茫与困惑了。然而，学有所长，并不意味着成长的路已经达到终点。

一个人是天生的博物学家，有着远大的志向。他十分擅长自然学方面的知识，所掌握的自然史方面的知识远比其他人都要丰富。然而，当他想通过自己掌握的知识表达观点和见解时，他突然发现自己不能流畅地运用语言将这些观点表达出来。这是多么令人感到沮丧的一件事情！他对自己十分懊恼，因为在年轻的时候，他并没有对语言学习倾注太多的精力，因此导致他掌握的词汇量少得可怜。他发现自己甚至不能写出一个语法正确的句子，更不用说运用文字记载自己的学术观点了。

这无疑是很让人遗憾的。这么聪明的头脑，这么宝贵的观点，就是因为一个没有及时修补的缺陷，而就这样被埋没。

那么，在感觉到自己能力不足的时候，如何才能让自己不断地完善自己呢?

在帕蒂年轻的时候，有一天，他来到巴黎附近的一座教堂推销保险。当他滔滔不绝地向一位老牧师介绍投保的好处时。老牧师一言不发，只是很有耐心地听他把话讲完，然后用平静的语气说："听了你的介绍，丝毫不能引起我对投保的兴趣。青少年，先努力去改造你自己吧！"

"改造我自己？"帕蒂大吃一惊。"是的，你可以去诚恳地请教你的投保户，请他们帮助你改造自己，我看你还算是有头脑的人，倘若你按照我的话去做，将来一定会做出成就的。"

帕蒂接受了老牧师的教诲，于是，他策划了一个"批评帕蒂"的集会。集会的目的是让别人能坦率地批评自己，为此，他确定了下列三项原则：

1.集会上人人都能畅所欲言，但参与集会的人最多只能是五个。

2.为了让更多的人都有批评的机会，每次邀请的对象不能相同。

3.既然是他主动邀请别人来的，来者就都是他的贵宾，一定要热诚地予以招待。

当一切准备就绪，他立刻去拜访几个关系较好的投保户，诚恳地对他们说："我才疏学浅，又没有上过大学，因此连如何反省都不会，所以我决定召开帕蒂批评会，恳请您抽空参加，对我的缺点加以指正。”这些人觉得这种性质的集会很有意思，都很爽快得答应了。

帕蒂策划的批评会终于如期开场，他觉得自己就像是砧板上的一块肉，等着任人宰割。第一次批评会就使帕蒂原形毕露：你的脾气太坏，而且粗心大意；你太固执，常自以为是，你应该多听别人的意见；你的个性太急躁了，常常沉不住气；对于别人的托付，你从不来不会拒绝；你的知识不够丰富，所以必须加强进修，以期成为别人的“生活指导者”；待人处事千万不能太现实、太自私，也不能要手腕或要花招，一切都应诚实。他把这些宝贵的逆耳忠言一一记下来，并以此随时反省自己。此后，帕蒂批评会按月定期举行，他发觉自己就像一条蚕正在慢慢地“蜕变”。每一次的“批评会”，他都有被剥一层皮的感觉。经过一次又一次“批评会”的洗礼，他把身上一层又一层的弱点剥了下来。随着弱点的消除，他开始进步、成长。

后来，他把在“批评会”上获得的改进用在每天的推销工作中，业绩从此直线上升，最终成为一名优秀的推销员。

帕蒂的成功正说明了一个人应该正视自己的弱点，不断地向它挑战，使自己成为一个“自胜者”，成为命运的主人。

有一个年轻的爱尔兰人，当他将近20岁的时候，他仍然不会读书写字。因为他所处的地方到处都弥漫着自我放纵的气息，根本无法得到学习的机会。于是，他选择了离开自己的家乡。

在通过黑板报学习了一些读写能力之后，他在军舰上获得了一个海员的岗位。在军舰上，他主动选择到船长室去工作，因为他知道在那里可以学到更多的知识。为了能够将自己听到的新的单词随时记录下来，他特意在自己的口袋里放了一本便签簿。

一天，他的这种随时记录的习惯引起了一位长官的怀疑。这位长官怀疑他是敌人派来的间谍，负责侦查他们舰队航行的计划。但是，当舰上的长官了解到事情的原委后，他们都十分认同这位年轻人的学习热情，并千方百计地为他提供了更多的学习机会。

最终，这位年轻人凭借着这些学习的机会，在海军部队里赢得了一个显赫的地位。如果你能够像这位年轻的爱尔兰人一样，在通向成功的道路上积极地学习，始终完善自己，那么你也一定能够取得成功。

成长是一条没有终点的路。那些善于完善自己的人，在发现自己能力不足的时候，能长时间地进行充电，让自己更完善，更强大。人要不断地提升自己，就要勇于找出自己的弱点，并进行批评与反思，深刻剖析自己的不足之处。通过学习和锻炼，大大提高自身的素质和适应社会的能力，以一个更好的姿态去迎接未来。

迈上一个台阶，打开一个世界

斯皮尔伯格在十二三岁时就树立了自己的人生目标：要成为电影导演。在他17岁那年的某天下午，他参观了环球制片厂。那不是一次平常的参观活动，在他得窥全貌之后，当场他就决定要怎么做，他先偷偷摸摸地观看了一场实际电影的拍摄，再与剪接部的经理长谈了一个小时，然后结束了参观。

第二天，他穿了套西装，提起他父亲的公文包，里头塞了一块三明治，再次来到摄影现场，装出他是那里的工作人员，他特意避开了大门守卫，找到一辆废弃的手推车，用一块塑胶字母板，在车门上拼成“史蒂芬·斯皮尔伯格”“导演”等。然后他主动去认识导演、编剧、剪接，终日流连于他梦寐以求的电影世界里，从与别人的交谈中学习、观察并总结出越来越多关于电影制作的经验。

终于在20岁那年，他成为正式的电影工作者，他在环球制片厂放映了一部他拍得不错的片子，因而签订了一张7年的合同。36岁时，史蒂芬·斯皮尔伯格已经成为世界上最成功的制片人之一。

之所以能够年轻有为，是因为他在年少之时，就知道为实现自己的目标找到合适的途径。他利用参观的机会了解了电影是怎样拍出来的，从懵懂无知到步入正轨，不仅走出了那段平淡的人生，更为自己铺就了成功的道路。

每一天，我们都可能遇到对自己的人生和周围的世界不满意的人。你可知道，在这些对自己处境不满意的人中，有98%的人眼前是一片迷茫，除了自己身处的那个小角落之外，对这个世界没有任何了解。只有让自己走到高处，凭高远眺，才能看到远处的风景。

有志向的人都是向往远方的，他们总是想尽一切办法提高自己的眼界，好对广大的世界有更清晰的认知。

尼克·亚历山大从小在孤儿院长大，那是一种老式的孤儿院，孤儿院从早上工作到日落，伙食既差又不够吃。他并不甘心一直过这样的生活，内心深处对改变人生的渴望从未消减。可是他只是个孤儿，除了依靠孤儿院生活，他没有任何办法，也不知道自己的前途究竟在那里。

14岁那年，尼克从中学毕业，投入社会谋生。他想继续上学，可为了生活，只能把这个梦想埋在心里。他在一家裁缝店里操作一架缝纫机。后来，那家裁缝店加入了工会，工资提高了，工作时间缩短了，尼克的生活有了些起色。在爱情上，他也迎来了他的春天，他与一个女孩儿相爱，并顺利地结了婚。

可是，到他们结婚之后没多久，也就是1931年，店里开始裁员。他们不甘心就这么成为落魄的失业者，于是决定自己去闯天下。夫妻俩把存款聚集在一起，开了一家“亚历山大房地产公司”。尼克的太太特丽莎甚至把订婚戒指也卖掉了，以便增加他们那笔小小的资本。

公司经营了两年，生意兴隆，于是特丽莎坚持要尼克去上大学。他在26岁的时候，得到了学位——这是他人生道路上的第一个里程碑，尼克又回到房地产事业。

这时，他们又有了一个新目标——海边的一幢房子。如果他们能把大楼租出去，收入的租金就能支付他们孩子的大学费用了。他们一心一意要达到这个目标，经过辛勤的努力，最终实现。

之后，他们又开始为退休保险金而努力。尼克单独主持事业，特丽莎则照顾自己的家，他们过着一种忙碌、成功、幸福的生活。

尼克只是芸芸众生中普通的一员，他的人生并不传奇。但是，回顾他的人生历程，能给我们带来深刻的启迪。试想，如果尼克年幼时认命地过着那种艰苦的生活，长大后认定自己是一名缝纫机操作工，没有全力以赴去开公司、改变生活，他还有没有机会上大学，还有没有之后的那些奋斗目标？

到达一个新高度，就能拥有一个全新的视野。每一位成功的人，无一例外都具备高远的目光，他们往往站在一般人无法企及的高度，统览全局，因而也能做出一般人无法想象出的决策。

杰克与摩尔都是哈佛大学经济管理系的高才生，他们既是同班同学又是亲密无间的朋友，又一同进了费巴集团的国际贸易部。

杰克与摩尔对能进入费巴集团这样的大企业，都感到非常的幸运和满意，因为他们对国际贸易都有着非常浓厚的兴趣，因此工作起来也格外地努力。然而这样辛辛苦苦地半年下来，他们不但没有得到上司的提升，还经常听到上司对他们不满意的训斥声。

一日，杰克对摩尔忿忿地说："我们可是哈佛毕业的精英，上司却一点也不把咱们放在眼里，明天我们就对他拍桌子，辞职不干了！"

摩尔反问道："你对公司的操作流程都弄清楚了吗？他们做国际贸易的窍门都明白了吗？"

杰克想了想说："没有！"

"君子报仇，十年不晚。我觉得还是把他们的贸易技巧、商业文书和公司组织完全搞通了，甚至连怎么修理复印机的小故障都学会了，再辞职不干！"摩尔微微一笑，继续说，"用他们公司做免费学习的地方，什么东西都通了之后，再一走了之，不是既出了气，又有很多收获吗？"

杰克坚决地说道："我再也忍受不了上司的那张臭脸了，要待你待着，我明天就拍桌子！"

就这样，杰克辞职了。而摩尔却正如他自己所说的那样，开始默记偷学公司的一切运作流程，甚至下班之后，还留在办公室里研究如何书写商业文书的方法。

一年之后，杰克找到摩尔问道："你现在大概多半都学会了吧，可以准备拍桌子不干了没有？"

摩尔回答说："我发现近半年来，上司已经对我刮目相看，并且总是委以重任，还提升我做了他的助理，薪水也加了不少。我看费巴集团会给我提供比较大的发展空间，能让我实现原先我们在学校所定下的理想——成为一名优秀的职业人，所以我不想辞职了！"

杰克一脸怒气地说道："我刚在微软递了辞呈。这些公司怎么都请了些有眼无珠的主管，居然没有一个看出我是一个大器之材，真是让人生气！"

摩尔微笑着拍了拍杰克的肩膀，语重心长地说："我因为当时看到我们长远的未来，因为目前我们还根本不具备搏击长空的能力，所以才要求你和我一起努力学习公司运作流程。在你离开费巴半年以后，我就开始预料到你会有这么一天，但我一直都联系不上你，无法跟你探讨我对工作所取得的新认识。当初我们的上司不重视我们，是因为我们的实践能力不足，目光短浅。你走了以后，我痛下苦功，不断学习，使自己的目光看得更高远并逐步具备了更强的工作能力。自然，上司对我也就刮目相看了！"

三年以后，摩尔由于具备比一般人更高的能力，成了一家大企业的负责人。而始终认为自己怀才不遇、目光短浅的杰克却依然为了能找到一个他所谓更适合的工作而奔波着。

像杰克这种一看见眼前的不顺，就打退堂鼓的雇员，不但不可能在职场有所成就，更不可能成为领导群雄的人。但是，像摩尔那样，具有高远目光的人就不同了，他们能让自己始终站在山顶，像搏击长空的鸿鹄一样鸟瞰前景！

那种把一切都尽收眼底的视野，能使他们拥有一种博大的胸怀，勇敢地去挑战未来的发展变化！这不也正是创造奇迹所拥有的优秀品质吗？

也许现在的我们并不处于社会的上层，但无论身处哪个位置，我们都可以凭着自己的努力，力争让自己迈上一个新的台阶。**迈上一个台阶，就能打开一个世界**。所以，只要你能让自己站得更好，看得更远，就会具备搏击长空的勇气，你也就能拥有一个辉煌的未来！